Sitzungsberichte der Heidelberger Akademie der Wissenschaften
Mathematisch-naturwissenschaftliche Klasse

Die Jahrgänge bis 1921 einschließlich erschienen im Verlag von Carl Winter, Universitätsbuchhandlung in Heidelberg, die Jahrgänge 1922—1933 im Verlag Walter de Gruyter & Co. in Berlin, die Jahrgänge 1934—1944 bei der Weißschen Universitätsbuchhandlung in Heidelberg. 1945, 1946 und 1947 sind keine Sitzungsberichte erschienen.

Ab Jahrgang 1948 erscheinen die „Sitzungsberichte" im Springer-Verlag.

Inhalt des Jahrgangs 1960/61:

1. R. Berger. Über verschiedene Differentenbegriffe. (vergriffen).
2. P. Swings. Problems of Astronomical Spectroscopy. (vergriffen).
3. H. Kopfermann. Über optisches Pumpen an Gasen. (vergriffen).
4. F. Kasch. Projektive Frobenius-Erweiterungen. (vergriffen).
5. J. Petzold. Theorie des Mößbauer-Effektes. (vergriffen).
6. O. Renner. William Bateson und Carl Correns. (vergriffen).
7. W. Rauh. Weitere Untersuchungen an Didiereaceen. (vergriffen).

Inhalt des Jahrgangs 1962/64:

1. E. Rodenwaldt und H. Lehmann. Die antiken Emissare von Cosa-Ansedonia, ein Beitrag zur Frage der Entwässerung der Maremmen in etruskischer Zeit. (vergriffen).
2. Symposium über Automation und Digitalisierung in der Astronomischen Meßtechnik. Herausgegeben von H. Siedentopf. (vergriffen).
3. W. Jehne. Die Struktur der symplektischen Gruppe über lokalen und dedekindschen Ringen. (vergriffen).
4. W. Doerr. Gangarten der Arteriosklerose. (vergriffen).
5. J. Kuprianoff. Probleme der Strahlenkonservierung von Lebensmitteln. (vergriffen).
6. P. Čolak-Antič. Dreidimensionale Instabilitätserscheinungen des laminarturbulenten Umschlages bei freier Konvektion längs einer vertikalen geheizten Platte. (vergriffen).

Inhalt des Jahrgangs 1965:

1. S. E. Kuss. Revision der europäischen Amphicyoninae (Canidae, Carnivora, Mam.) ausschließlich der voroberstampischen Formen. (vergriffen).
2. E. Kauker. Globale Verbreitung des Milzbrandes um 1960. (vergriffen).
3. W. Rauh und H. F. Schölch. Weitere Untersuchungen an Didieraceen. (vergriffen).
4. W. Felscher. Adjungierte Funktoren und primitive Klassen. (vergriffen).

Inhalt des Jahrgangs 1966:

1. W. Rauh und I. Jäger-Zürn. Zur Kenntnis der Hydrostachyaceae. 1. Teil. (vergriffen).
2. M. R. Lemberg. Chemische Struktur und Reaktionsmechanismus der Cytochromoxydase (Atmungsferment). (vergriffen).
3. R. Berger. Differentiale höherer Ordnung und Körpererweiterungen bei Primzahlcharakteristik. (vergriffen).
4. E. Kauker. Die Tollwut in Mitteleuropa von 1953 bis 1966. (vergriffen).
5. Y. Reenpää. Axiomatische Darstellung des phänomenal-zentralnervösen Systems der sinnesphysiologischen Versuche Keidels und Mitarbeiter. (vergriffen).

Inhalt des Jahrgangs 1967/68:

1. E. Freitag. Modulformen zweiten Grades zum rationalen und Gaußschen Zahlkörper. (vergriffen).
2. H. Hirt. Der Differentialmodul eines lokalen Prinzipalrings über einem beliebigen Ring. (vergriffen).
3. H. E. Suess, H. D. Zeh und J. H. D. Jensen. Der Abbau schwerer Kerne bei hohen Temperaturen. (vergriffen).
4. H. Puchelt. Zur Geochemie des Bariums im exogenen Zyklus. (vergriffen).
5. W. Hückel. Die Entwicklung der Hypothese vom nichtklassischen Ion. (vergriffen).

Sitzungsberichte der Heidelberger Akademie der Wissenschaften
Mathematisch-naturwissenschaftliche Klasse
Jahrgang 1978, 4. Abhandlung

Henning Meineke

Mathematische Theorie der relativen Koordination und der Gangarten von Wirbeltieren

Mit 15 Abbildungen

(Vorgelegt in der Sitzung vom 10. Juni 1978)

Springer-Verlag Berlin Heidelberg GmbH 1978

Dr. Henning Meineke
Biologisches Institut I (Zoologie)
der Universität Freiburg
Albertstraße 21 a
7800 Freiburg i.Br.

ISBN 978-3-662-08571-4 ISBN 978-3-662-08570-7 (eBook)
DOI 10.1007/978-3-662-08570-7

Universitätsdruckerei H. Stürtz AG, Würzburg
2123/3140-543210

Inhalt

A. Einleitung . . . 7

B. Empirische Grundlagen . . . 9
I. Terminologie . . . 9
II. Experimentelle Ergebnisse VON HOLSTS . . . 10
III. Bemerkungen . . . 22

C. Mathematische Theorie . . . 23
I. Formulierung der Theorie . . . 23
II. Herleitung der Formeln . . . 27
III. Eignung der Formeln . . . 35
IV. Parameterabschätzung . . . 51

D. Anwendungen . . . 55
I. Physiologische Verwirklichung . . . 55
II. Folgerungen auf die Gangarten von Säugetieren . . . 60

E. Diskussion . . . 65

F Anhang . . . 66
I. Schaltplan für die Darstellung des den Ortsbewegungsapparat beschreibenden Formelsystems an elektronischen Analog-Rechnern . . . 66
II. ALGOL-Programm für die Darstellung des den Ortsbewegungsapparat beschreibenden Formelsystems an elektronischen Digital-Rechnern . . . 67
III. Liste der für die Rechnung in D.II. verwendeten Parameter . . . 71
IV. Listen der eingeführten Bezeichnungen und ihrer Zuordnung zu einigen von VON HOLST verwendeten Begriffen . . . 72

Literatur . . . 74

Mathematische Theorie der relativen Koordination und der Gangarten von Wirbeltieren

von

Henning Meineke*

Institut für Biologie I (Zoologie) der Universität Freiburg i.Br.

A Mathematical Theory of Relative Coordination and the Gaits of Some Vertebrates

Summary. ERICH VON HOLST derived a theory of relative coordination from investigations of the fin movements of some mediterranean fish. His theory was largely published in 1939. The principles of movement coordination found in fish are also valid in other groups of animals such as the arthropods. The investigation of movement coordination is a means of making a functional analysis of nervous systems. In this paper the theory is summarised (part B) and a system of mathematical formulae is evolved and checked for its suitability. It is shown that with common assumptions the formulae and theory are equivalent (formulae TA in part C). This result improves the theoretical evaluation of the earlier research. The mathematical theory leads to firm hypotheses about the neurophysiological basis for the central nervous parts of the vertebrate locomotory system (Fig. 12). It also allows conclusions to be made about the gaits of some mammals (Fig. 14).

A. Einleitung

ERICH VON HOLST hat durch seine Beobachtungen und Versuche am Regenwurm [13, 14], an Arthropoden [15–17, 19, 34], aber vor allem an Fischen und an Säugern [18, 20–33, 35–37] weitreichende Aussagen über die Ortsbewegung der Tiere gewonnen. Seine Darstellung ist so umfassend durchdacht und durch Versuche abgesichert, daß man sie eine *Theorie* nennen kann. Der Grundgedanke ist, daß im Rahmen des Ortsbewegungsapparates der Tiere jeder Extremität eine spontan tätige zentralnervöse Instanz zugeordnet ist und daß die *Gangarten* durch gegenseitige funktionelle Beeinflussung zwischen diesen zentralnervösen Instanzen entstehen.

* Meinem hochverehrten Doktorvater Professor Dr. B. Hassenstein danke ich herzlich für die Anregung und Betreuung dieser Arbeit.

Die Einzelaussagen der Theorie sind auf verschiedene Veröffentlichungen von Holsts verstreut, und die benutzten Begriffe änderten zum Teil im Verlauf der Zeit ihre Bedeutung. Obwohl die Aussagen von Holsts im wesentlichen [33] seit 1939 veröffentlicht sind, haben sie auch heute noch richtungsweisende Bedeutung, da sie zwar anerkannt, aber kaum weiterentwickelt wurden. Dies veranlaßte mich, mit der gebotenen Vorsicht, von Holsts Theorie der relativen Koordination der Fischflossenbewegungen zusammenzufassen und zu überarbeiten (Kapitel B).

Über Modellrechnungen und mathematische Analyse fand ich ein minimales mathematische Formelsystem, das allen Aussagen von Holsts über die Lokomotion der Fische gerecht wird und eine äquivalente mathematische Formulierung seiner Theorie darstellt (Kapitel C). Diese mathematische Theorie liefert sinnvolle Ergebnisse für – abgesehen von einigen Vorzeichenfestlegungen – beliebige, im Verlauf der Zeit stückweise stetige Parameter. Der durch sie beschriebene Ortsbewegungsapparat ist wenig anfällig gegen Störungen und andauernd vom Organismus aus steuerbar. Die Steuersignale sind für festgehaltene Gangarten zeitlich konstant, enthalten also keine periodischen Anteile, obwohl die Gangarten selbst stets periodische Bewegungen enthalten.

Die mathematische Theorie läßt sich auch auf die Gangarten anderer Tiere anwenden. In einer Modellrechnung mit physiologisch sinnvollen Parametern ließen sich z.B. die bekannten Eigenschaften der Pferdegangarten Schritt, Trab und Galopp darstellen und nachprüfbare Annahmen über bisher wenig bekannte Funktionen wie das Antreten aus dem Stand und die Übergänge zwischen verschiedenen Gangarten formulieren, (Kapitel D II). (Im Anhang sind unter I bzw. II ein Schaltplan bzw. ein ALGOL-Programm zur Darstellung der Formeln auf Analog- bzw. Digital-Rechnern und unter III die für die Modellrechnung aus Kapitel D II für die Pferdegangarten verwendeten Parameter zusammengestellt. Unter IV werden dort Listen der eingeführten Bezeichnungen und ihrer Zuordnung zu den von von Holst verwendeten angegeben.)

Im Einklang mit den Formeln läßt sich eine hinreichende, wenn auch nicht notwendige physiologische Vorstellung vom Ortsbewegungsapparat der Wirbeltiere aussprechen, die hinsichtlich der beteiligten Nerven, Muskeln und Gliedmaßen lediglich solche Leistungen voraussetzt, die bereits an biologischen Strukturen beobachtet wurden (Kapitel D I). Hiernach besteht das anatomisch bisher unbekannte *autorhythmische Zentrum* (Formel (AZ) in Kapitel C) in der zentralnervösen Instanz, die der Extremität zugeordnet ist, aus zwei miteinander verschalteten Gruppen von Nervenzellen, die abwechselnd selbsterregte und von allein abflauende Kettenreaktionen durchlaufen, wie sie am Krebsherz [46] und am Bauchmark des Regenwurms [23 Bd. 3] beobachtet wurden. Diese Hypothese ist eine verfeinerte Version einer alten aber weiterhin gültigen Annahme (PEARSON, 1976). Sie wird erweitert durch Vorstellungen über Ansatzpunkte und Mechanismen der zentralnervösen Gangartenkoordination.

B. Empirische Grundlagen

Dieser Abschnitt gibt die von VON HOLST an Fischen gewonnenen Beobachtungsergebnisse wieder. Dabei wird eine Terminologie eingeführt und verwendet, die sich besser als die seinige für die Übersetzung in die mathematische Formelsprache eignet: (In seinen Arbeiten beschrieb VON HOLST die beobachteten Bewegungen und zog daraus Folgerungen auf die Art der zentralnervösen Steuerung; doch gab er den theoretisch zu fordernden physiologischen Signalen keine eigenen Bezeichnungen wie z.B. »Kommando«. Solche Ausdrücke erleichtern jedoch die Beschreibung der zum Teil verwickelten Zusammenhänge. Wenn ich sie anwende, so ändere ich die Aussagen VON HOLSTS nicht in ihrem Inhalt, sondern gebe ihnen lediglich eine andere Form. Im Anschluß an jede in einem Abschnitt zusammengefaßte Aussagengruppe gebe ich Verweise auf die entsprechenden Aussagen ERICH VON HOLSTS an. Mit Hilfe der im Anhang IV angegebenen Tabellen lassen sich die von VON HOLST verwendeten Begriffe auf die hier verwendeten übertragen. Nur in drei Einzelaussagen weiche ich von VON HOLSTS Folgerungen aus seinen Ergebnissen ab. Hierüber berichte ich am Schluß dieses Kapitels unter III.)

I. Terminologie

Als *Ortsbewegungsapparat* eines Tieres bezeichne ich die Gesamtheit der Extremitäten samt allen Strukturen für die zentralnervöse Anregung, Steuerung und Koordination ihrer Tätigkeit. Bei den Fischen besteht er aus zahlreichen *Teilapparaten* (Abb. 4), deren äußerlich sichtbaren Teile die einzelnen *Flossenstrahlen* sind.

Bestandteile jedes Teilapparates sind:

– der *Kommandogeber* im Rückenmark, der die Signale für die Hin- und Herbewegung der Flossen erzeugt,

– der *Kommandoübertrager*, der die Signale des Kommandogebers mit verschiedener Übersetzung überträgt und

– das *Ausführungsglied*, ein durch seine Muskeln bewegter Flossenstrahl.

Wenn ein Teilapparat *unbeeinflußt* von anderen Teilapparaten periodische Schwingungen ausführt, so wird die dabei beobachtete Frequenz als seine »Ausgangsfrequenz« bezeichnet. Die Gesamtheit der Signale des Kommandogebers für eine einzelne Hin- und die darauffolgende Herbewegung nenne ich zusammenfassend ein *Kommando*. Es setzt sich aus zwei *Teilkommandos* zusammen, je einem für die Hin- und Rückbewegung. Der jeweilige Betrag eines Kommandos – sein »Kommandowert« – bestimmt die *augenblickliche Bewegungsgeschwindigkeit* des Ausführungsgliedes. Den beiden Bewegungsphasen »hin« und »zurück« werden die Kennzeichen »+« bzw. »–« gegeben; sie erhalten entsprechend der Richtung der Bewegungen der Extremität relativ zum Körper entgegengesetzte Vorzeichen. Der Betrag jedes Teilkommandos wächst von Null beginnend zu einem Extremum an und kehrt danach (am Umkehrpunkt der Bewegung des Flossenstrahls) wieder auf Null zurück (Abb. 4). Die *Phase* des Teilkommandos gibt an, ein wie großer Anteil seiner gesamten Signalmenge zum jeweils betrachteten Zeitpunkt bereits erzeugt worden ist. Gewöhnlich sind aufeinanderfolgende Kommandos gleich, so daß periodische Bewegungen entstehen.

Das zeitliche Integral über das Teilkommando ist die *Teilkommandomasse*. Sie ist ein Maß für die vom Flossenstrahl aufgrund des Teilkommandos ausgeführte Auslenkung, wobei durch Übertragungseigenschaften des Kommandoübertragers verursachte Abweichungen nicht berücksichtigt werden. Wenn die Ausschlagsamplitude einer Flosse zunimmt, so heißt dies, daß die Teilkommandomasse wächst; wenn sich ihre Frequenz bei gleichbleibendem Ausschlag ändert, so bleibt das Integral über die Signalgesamtmenge des Teilkommandos gleich, aber das Teilkommando dauert kürzer oder länger.

II. Experimentelle Ergebnisse von Holsts

Experimentelle Methodik

Versuchstiere waren Knochenfische des Mittelmeeres: Barschfische (Perciformes) der Gattungen Labrus, Crenilabrus, Sargus, Serranus, Corvina und Smaris. In Urethannarkose wurde die Medulla durchschnitten. In Meereswasserbecken (Abb. 1) lebten die Tiere bei künstlicher Beatmung dann noch bis zu 6 Tagen und zeigten spontane Flossenbewegungen. Diese waren durch Wassertemperaturveränderungen, Atemwasserdrosselung, Pharmaka, Hautreize und Druckreize auf den Körper zu beeinflussen. Sie wurden über Schreibhebel auf einen Kymographen aufgezeichnet.

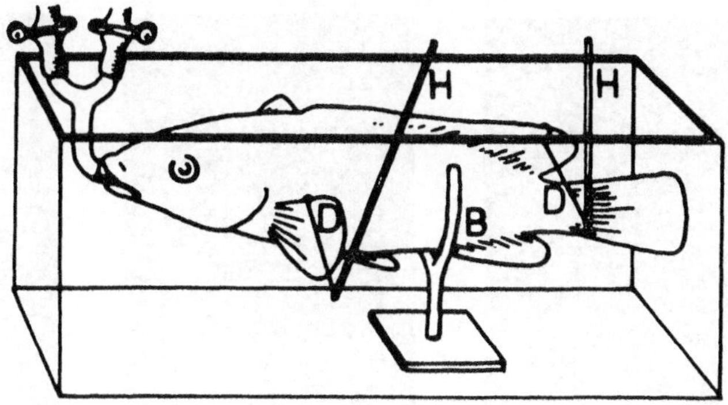

Abb. 1. Schema der Versuchsanordnung. Tiere von 15–20 cm Länge wurden in Urethannarkose durch Schnitt durch die Medulla decerebriert. Sie wurden in einem Seewasserbecken mit dem Maul am Atemwasserschlauch befestigt. Der Körper ruhte auf einer Bleigabel *B*. Die Bewegungen wurden mit Helbeln *H*, die mit feinen Drähten *D* an 2 oder 3 Flossenstrahlen befestigt waren, auf Schreibspitzen übertragen, die sie auf einem Kymographen aufzeichneten. Die Bewegungskurven kennzeichnen die Bewegung der ganzen Flosse, da die einzelnen Strahlen meist phasenverschoben dasselbe taten. (Abb. 519 aus [12] leicht verändert)

Formulierung der Ergebnisse

Die Analyse der Bewegungsbilder (typische Formen zeigt Abb. 2) führte zu folgender Vorstellung von dem Ortsbewegungsapparat der genannten Fische (Abb. 4).

1) Der Apparat besteht aus voneinander abgrenzbaren, funktionell einheitlichen, eigenständigen Teilapparaten, deren äußerlich sichtbare Teile die Flossenstrahlen sind. Zu jedem Teilapparat gehört weiterhin ein Kommandogeber im Rückenmark, der autonom Signale für die Hin- und Herbewegung erzeugen kann, und ein Kommandoübertrager für deren Übertragung an das Ausführungsglied, den Flossenstrahl. Die Signale für Hin- bzw. Herbewegung werden innerhalb des Kommandogebers von zwei Teilgebern erzeugt, die ihrerseits aus unabhängigen Teilen bestehen. Der Kommandoübertrager kann unterschiedlich wirksam übertragen und auf Reize reagieren, die nicht vom zugehörigen Kommandogeber stammen. Die Bewegungen des Ausführungsgliedes werden nicht nur durch die Signale des Kommandoübertragers sondern auch durch andere Reize (Abb. 3), seinen physiologischen Zustand und mechanische Gegebenheiten bestimmt.

([20] S. 359, Z. 17ff.)
([22] S. 516; S. 517, Z. 1 – 13)
([24] S. 98, Z. 5ff.)
([25] S. 357 – 358; S. 359, Z. 14ff.; S. 367; S. 371, Z. 7 – 23; S. 372, Z. 17 – 32; S. 374ff.)
([29] S. 16 – 18; S. 39, Z. 4 – 6)

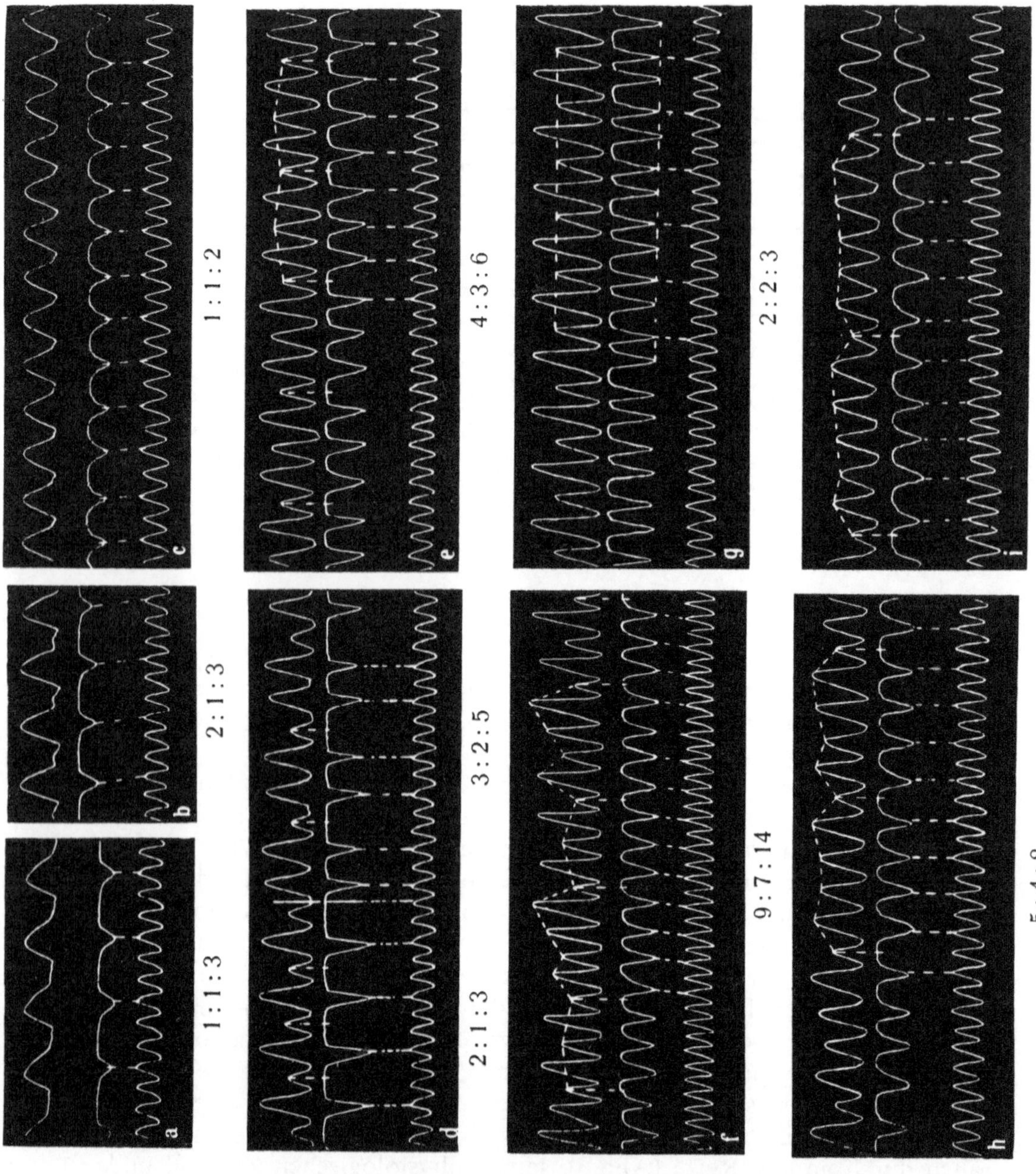

Abb. 2. Sargus, rechte (jeweils obere Kurve der Teilbilder), linke Brustflosse (mittlere Kurve) und Schwanzflosse (untere Kurve); alle Aufzeichnungen vom gleichen Präparat nach vorübergehender Absperrung der Atmung. Die Periodenformen lösten einander in der zeitlichen Reihenfolge von a bis i sprunghaft ab. Ein solcher sprunghafter Wechsel (von 2:1:3 zu 3:2:5) ist innerhalb des Kurvenabschnitts d vor sich gegangen (Abb. 529 aus [12])

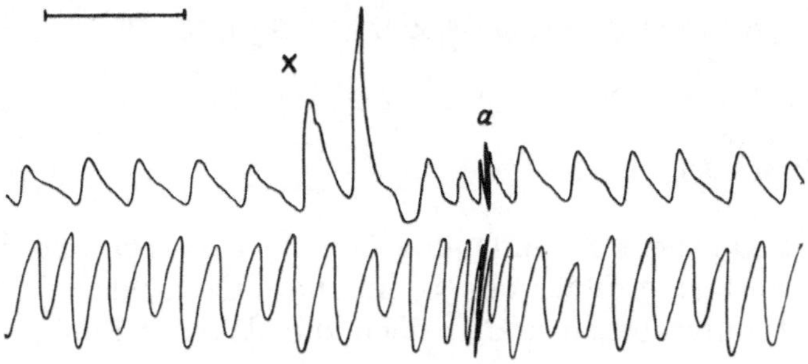

Abb. 3. Oben Brust-, unten Schwanzflossenbewegung von Sargus. Bei x bewirkte ein mechanischer Hautreiz zwei erheblich kräftigere Ausschläge der Brustflosse, jedoch keine Änderung der von dieser beeinflußten Schwanzflossenbewegung. Bei a wurde die Schreibfläche vorübergehend angehalten (Abb. 532 aus [12])

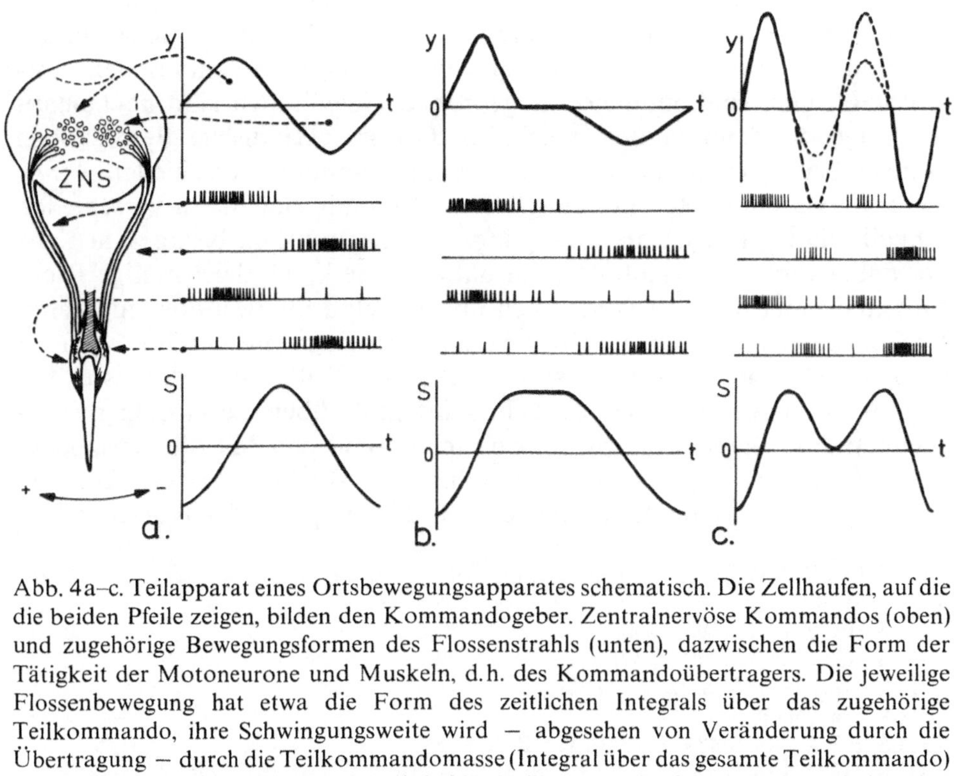

Abb. 4a–c. Teilapparat eines Ortsbewegungsapparates schematisch. Die Zellhaufen, auf die die beiden Pfeile zeigen, bilden den Kommandogeber. Zentralnervöse Kommandos (oben) und zugehörige Bewegungsformen des Flossenstrahls (unten), dazwischen die Form der Tätigkeit der Motoneurone und Muskeln, d.h. des Kommandoübertragers. Die jeweilige Flossenbewegung hat etwa die Form des zeitlichen Integrals über das zugehörige Teilkommando, ihre Schwingungsweite wird – abgesehen von Veränderung durch die Übertragung – durch die Teilkommandomasse (Integral über das gesamte Teilkommando) bestimmt. a) normales Kommando: Die beiden Teilkommandos folgen direkt nacheinander. b) Kommando mit Pause und verschiedenen Teilkommandos: Zwischen Teilkommandos können Pausen auftreten. Die Teilkommandomasse bleibt meist gleich, auch wenn die Teilkommandos verschieden lange dauern. c) Verschiedene Umkehrpunkte: Die Flossenbewegungen fallen manchmal auch zu klein aus. Dies kann an sprunghaften Amplitudenänderungen der Kommandos oder Schwankungen der Übertragungsstärke liegen (in Anlehnung an eine Darstellung aus [35])

([31] S. 575 – 576; S. 579, Z. 19ff.; S. 598, Z. 22 – 32; S. 608, Z. 16ff.)
([32] S. 484, Z. 1 – 4)
([33] S. 244, Z. 22 – 28; S. 269 – 274; S. 276, Z. 3 – 11; S. 282 – 285)
([35] S. 375; S. 378)
([37] S. 12, Z. 31 – 38)

2) Die Signale des Kommandogebers für eine Hin- und die darauffolgende Herbewegung bilden ein Kommando. Die beiden Teilkommandos für die Bewegungsphasen sind Größen, die als reelle Funktionen der Zeit dargestellt, entgegengesetzte Vorzeichen haben und im allgemeinen von einem Nullwert beginnend zu einem Extremum anwachsen und dann *symmetrisch* zum Ansteig wieder auf den Nullwert zurückfallen (Abb. 4a).

Das Kommando legt eine Phasenfunktion fest, die angibt, wie weit es zur Zeit im Blick auf seinen Gesamtverlauf gerade abgelaufen ist. Meist folgen die Teilkommandos unmittelbar nacheinander. Zwischen ihnen können aber (vor allem bei geschwächter Tätigkeit des Kommandogebers) auch Pausen auftreten, während derer das Ausführungsglied in der Umkehrlage verharrt (Abb. 4b). Eine Pause ist gegebenenfalls dem vorangegangenen Teilkommando zugeordnet. Gewöhnlich sind nacheinander folgende Kommandos gleich, so daß sie periodische Bewegungen verursachen. Dabei können die Teilkommandos verschieden lange dauern. Hin- und Herbewegung der Extremität sind dann verschieden schnell, ohne daß sich die Bewegungsumkehrpunkte in bezug zum Körper dabei verändern (Abb. 4b). Ausnahmsweise kann gleichsinnige Richtungsänderung der Bewegung auch abwechselnd an zwei oder mehreren Umkehrpunkten erfolgen (Abb. 4c). Die Schwingweite der Bewegungen wird durch die auslenkungsverursachende Teilkommandomasse bestimmt, die dem Wert des zeitlichen Integrals über die einzelnen Teilkommandos entspricht. Obwohl sich im Verlauf der Zeit die verschiedenen Größen im allgemeinen voneinander unabhängig ändern können, sinkt mit der Teilkommandomasse auch die Frequenz der Kommandos.

([21] S. 152, Z. 7 – 15)
([22] S. 517ff.)
([24] S. 101, Z. 16 – S. 103, Z. 4)
([25] S. 367, Z. 25 – S. 373, Z. 32)
([29] S. 34, Z. 11 – 18; S. 42, Z. 7 – 22)
([31] S. 576 – 584)
([32] S. 483, Z. 40 – S. 484, Z. 13; S. 489, Z. 30 – 38)
([33] S. 243, Z. 19 – 24; S. 244, Z. 13 – 28; S. 252 – 253; S. 272 – 273; S. 276, Z. 3 – 11)
([35])

3) Alle Teilapparate können aufeinander wirken. Die Wirkung geht jeweils vom tätigen Kommandogeber aus. Ihre Stärke ist im allgemeinen unabhängig von der räumlichen Entfernung der Teilapparate. Die Stärke der Wirkung, die Teilkommandomasse und die Tendenz, trotz eintreffen-

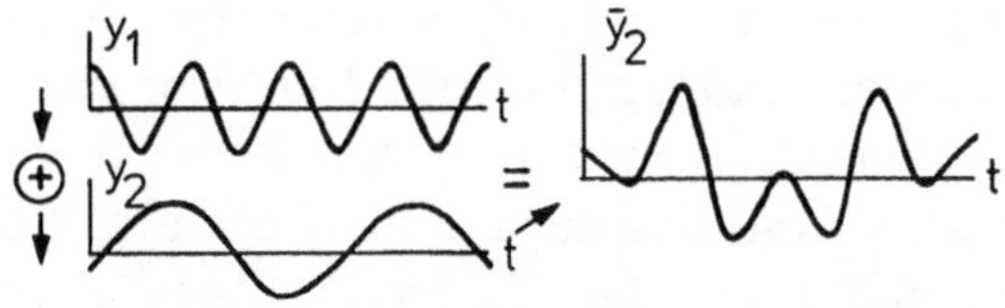

Abb. 5. Superposition (Schema). Die links unten gezeichnete Kommandofolge einer Flosse verändert sich unter dem Superpositionseinfluß der oben gezeichneten Kommandofolge einer anderen Flosse zu der rechts dargestellten. Diese entsteht formal durch punktweise Addition der beiden anderen

der Wirkungen von anderen Teilapparaten ungeänderte Bewegungen auszuführen, die Beharrungstendenz, verhalten sich meist gleichsinnig.

Es sind die folgenden beiden Wirkungsformen zu unterscheiden, die einzeln oder gemeinsam in verschiedenen Ausprägungen auftreten können.

([21] S. 156–157)
([22] S. 516)
([24] S. 100–101)
([29] S. 20, Z. 17–25; S. 32, Z. 17–21; S. 34, Z. 26–S. 35, Z. 3)
([31] S. 581, Z. 15–S. 582, Z. 23; S. 602, Z. 20–21)
([32] S. 486, Z. 23–36; S. 489)
([33] S. 243, Z. 19–27; S. 251, Z. 7–10; S. 253, Z. 26–29; S. 254–255; S. 269, Z. 31–34; S. 275, Z. 23–S. 276, Z. 2; S. 281, Z. 32–37)

a) Eine *Superposition*(-swirkung) wirkt auf den Kommandoübertrager des beeinflußten Teilapparates, der daraufhin das höchstens in der Amplitude veränderte Kommando des wirkenden Kommandogebers seiner sonstigen Kommandoübertragung überlagert überträgt. Dies ist auch möglich, wenn der Kommandogeber des beeinflußten Teilapparates untätig ist (Abb. 5).

([24] S. 116–118)
([25] S. 360–361; S. 370–371; S. 373, Z. 38–S. 374, Z. 2)
([29] S. 42, Z. 26–31)
([31] S. 599, Z. 6–14)
([33] S. 265; S. 273, Z. 5–10)

b) Die andere Wirkung, die von VON HOLST so genannte *Magnet-Wirkung* (M-Wirkung) wirkt auf den Kommandogeber des beeinflußten Teilapparates, sie kann nur Einfluß nehmen, wenn dieser selbst tätig ist und beeinflußt dann momentan die Signalerzeugung und damit die allgemeine Form des Kommandos: Aufgrund der M-Wirkung kann das Kommando in jedem Augenblick schneller oder langsamer erzeugt werden als dies ohne die Wirkung geschähe.

Hierbei gilt folgende Gesetzmäßigkeit: Ob ein Kommando und die dadurch verursachte Bewegung des Flossenstrahls schneller oder langsamer werden, hängt von der jeweiligen relativen Phasenlage der Kommandos des wirkenden und des beeinflußten Kommandogebers ab. Bei zwei bestimmten Phasendifferenzen erfolgt keine Wirkung, eine davon, – von VON HOLST »Koaktionslage«, im folgenden jedoch angestrebte Phasendifferenz genannt – hat folgende Eigenschaft: Der Wert des beeinflußten Kommandos ändert sich schneller, solange das beeinflussende Kommando ihm in seiner Phase – relativ zu dieser angestrebten Phasendifferenz – *voraus* ist; er ändert sich langsamer, solange das beeinflussende Kommando relativ zur angestrebten Phasendifferenz *zurückliegt*. Dabei wird die Wirkung mit zunehmender Phasenabweichung stärker, erreicht bei einem Phasenunterschied von etwa einem viertel Kommando (d.h. einem halben Teilkommando) ein Maximum und wird bei noch größerer Phasenabweichung wieder schwächer. Die Wirkung verschwindet, wenn die Phasenabweichung ein halbes Kommando (d.h. ein Teilkommando) beträgt (Abb. 7).

Die Effektivität der M-Wirkung ist ferner auch von den jeweiligen Beträgen der beiden Kommandos abhängig: Die M-Wirkung wird einerseits gleichsinnig mit dem Betrag des wirkenden Kommandos verstärkt, andererseits wirkt sie um so weniger, je größer der Betrag des beeinflußten Kommandos ist (Abb. 8, Abb. 9).

b1) Zwei Kommandogeber mit unterschiedlicher Ausgangsfrequenz erzeugen bei starker gegenseitiger M-Wirkung Kommandos *gleicher* Frequenz und festgehaltener gegenseitiger Phasenlage. Dabei liegt diese Frequenz zwischen den Ausgangsfrequenzen, und zwar näher zur Ausgangsfrequenz des stärker wirkenden bzw. des weniger beeinflußbaren Kommandogebers. Dieser Zustand wird durch andauernden pendelnden, d.h. in der Stärke schwankenden Einfluß der M-Wirkung aufrechterhalten (Abb. 6).

Das typische Ergebnis schwächerer M-Wirkung verschiedener Kommandogeber aufeinander sind gemeinsame Kommandoperioden, in denen die gegenseitigen Phasenverhältnisse im Verlauf jeder Periode in gleicher Reihenfolge dieselben Werte durchlaufen. Jeder Kommandogeber erzeugt in einer Periode eine feste Anzahl möglicherweise unterschiedlicher, aber vollständiger Kommandos, da er am Ende wieder denselben Kommandowert hat, den er am Anfang der Periode hatte (Abb. 2); z.B. kann in einer gemeinsamen Kommandoperiode ein Kommandogeber zwei, ein anderer drei Kommandos erzeugen. Bevorzugt treten kurze Kommandoperioden auf, in denen jeder der Kommandogeber nur wenige Kommandos erzeugt. Die mittleren Frequenzen stehen dann in Verhältnissen kleiner ganzer Zahlen zueinander.

Diese Kommandoperioden werden für große Bereiche der gegenseitigen Verhältnisse der Ausgangsfrequenzen, der Stärken der M-Wirkun-

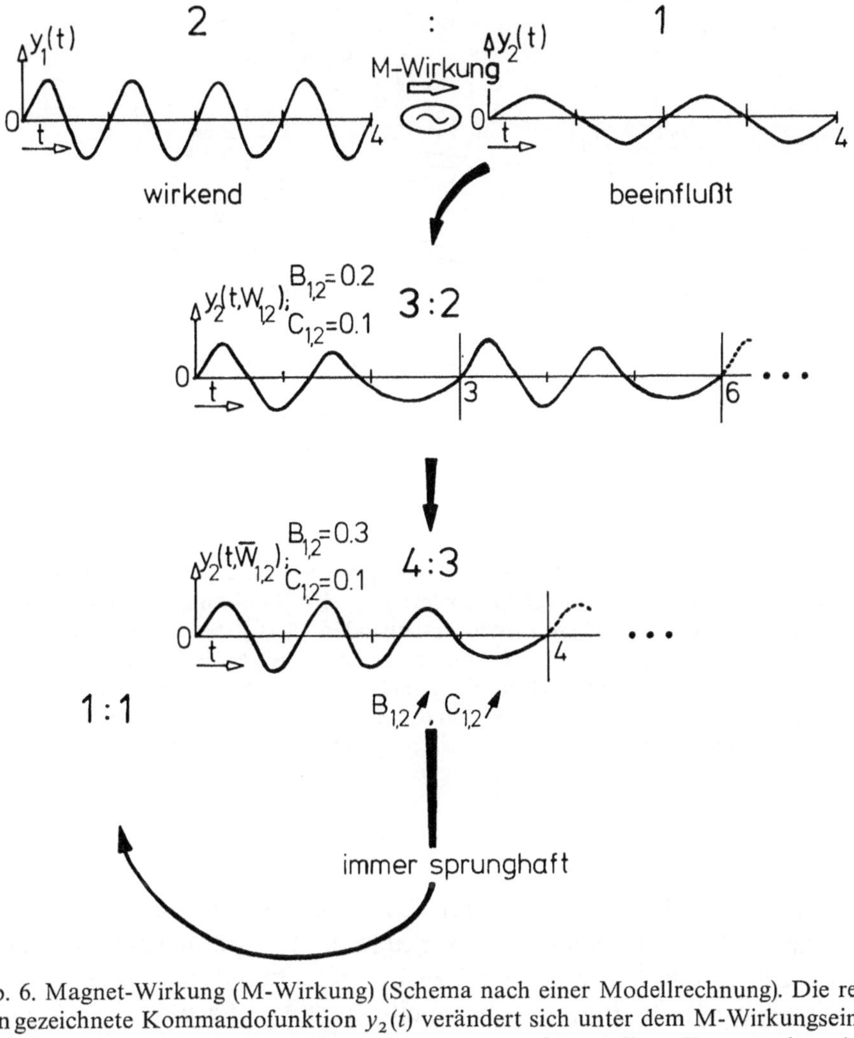

Abb. 6. Magnet-Wirkung (M-Wirkung) (Schema nach einer Modellrechnung). Die rechts oben gezeichnete Kommandofunktion $y_2(t)$ verändert sich unter dem M-Wirkungseinfluß der links oben gezeichneten $y_1(t)$ zu den darunter dargestellten Kommandoperioden $y_2(t, W_{1,2})$ und $y_2(t, \bar{W}_{1,2})$, die mit $y_1(t)$ gemeinsame Kommandoperioden bilden. Deren Unterschied entsteht durch die veränderten Wirkungsparameter $B_{1,2}$ und $C_{1,2}$. Die angestrebte Phasendifferenz ist $P^0_{1,2}=0$. Die momentane Wirkungsstärke hängt in komplizierter Weise von verschiedenen Größen ab (Abb. 7–9), wird aber wesentlich durch die jeweiligen Phasen der aufeinanderwirkenden Kommandos bestimmt und beeinflußt die momentane Frequenz. Bei wachsender M-Wirkung gehen die beeinflußten Kommandofolgen sprunghaft oder gleitend in der angegebenen Reihenfolge ineinander über. Der Übergang in die Frequenz des wirkenden Kommandos erfolgt schließlich immer sprunghaft

gen und der Beharrungstendenzen der beteiligten Kommandogeber beibehalten und gehen bei weiterer Änderung dieser Größen gleitend oder sprunghaft in andere Kommandoperioden über. Das Umspringen wird mit wachsenden M-Wirkungsstärken häufiger.

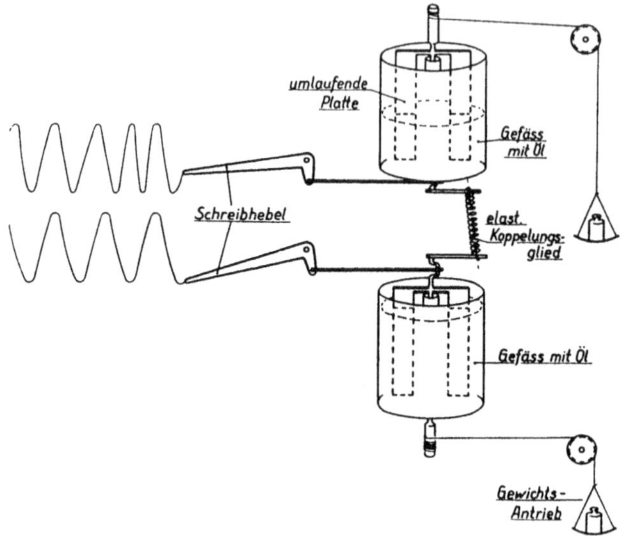

Abb. 7. Erstes Modell der M-Wirkung: »Gekoppelte Rührer«. Die Schreibhebel entsprechen den Flossen. Das Modell zeigt die Abhängigkeit der M-Wirkungsstärke von dem Sinus der Phasendifferenz der beiden an den umlaufenden Platten befestigten Hebel, die das elastische Koppelungsglied verbindet. Man erkennt dies nach Projektion dieser »Rührerhebel« in eine zu den gemeinsamen Drehachsen senkrechte Ebene und Zerlegung der durch die Feder ausgeübten Kräfte in radialen und tangentialen Anteil. Der allein wirksame tangentiale Anteil ist dem Sinus der Phasendifferenz proportional. (Abb. 530 aus [12] ursprünglich aus [37])

Wirkt ein selbst unbeeinflußter Kommandogeber auf einen anderen, so entsteht bei wachsender M-Wirkung bzw. Annäherung der Eigenfrequenzen nur bis zu einer Grenze hin Kommandoperiodik. Von dort an wird sprunghaft Frequenzgleichheit erreicht (Abb. 6).

([22] S. 522 – 524; S. 527 – 528)
([24] S. 96, Z. 24 – 31; S. 110, Z. 34 – S. 111, Z. 30)
([25] S. 374, Z. 3 – 9)
([26] S. 661, Z. 35 – 44; S. 663, Z. 18 – S. 668, Z. 2)
([29] S. 18 – 20; S. 23; S. 27; S. 30, Z. 45 – S. 31, Z. 2; S. 33 – 34; S. 35, Z. 20 – S. 37, Z. 6; S. 39, Z. 18 – 42; S. 40 – 43)
([30] S. 45, Z. 19 – 39)
([31] S. 598, Z. 32 – S. 599, Z. 5; S. 601, Z. 32 – 43; S. 609, Z. 41 – 45)
([32] S. 486, Z. 37 – S. 487, Z. 30; S. 489 – 495; S. 505, Z. 28 – 33; S. 506 – 510; S. 519; S. 520)
([33] S. 243 – 244; S. 252 – 261; S. 286 – 288; S. 292 – 295)
([35] S. 378; S. 380)
([36] S. 97 – 98)
([37] S. 14 – 15)

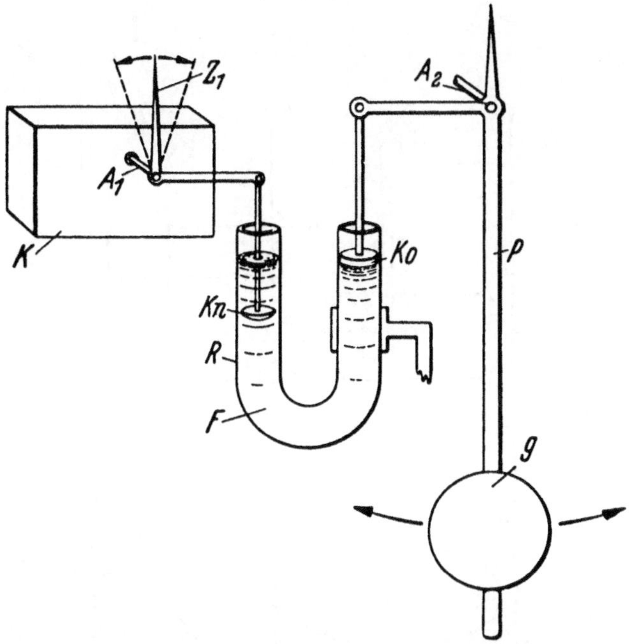

Abb. 8. Zweites Modell für die M-Wirkung »Kopplung zwischen Pendel und Federwerk«. Pendel *P* und Zeiger Z_1 bewegen sich entsprechend den Flossenbewegungen. *K* Kästchen mit Federwerk, durch das der an der Achse A_1 befindliche Zeiger Z_1 pendelnd hin und hergeschwungen wird. Der Federantrieb bewegt den Zeiger in jedem Moment mit einer bestimmten Kraft, die an den Umkehrpunkten (gestr. Linie) etwas geringer, beim Durchgang durch die Mittellage etwas stärker ist. *Kn* Knopf, der über ein Stäbchen gelenkig mit dem Zeigerhebel verbunden ist. A_2 Achse, *g* Gewicht, *P* Pendel, *Ko* Kolben, der das U-Rohr *R* ausfüllt, an einem an dem Pendelhebel gelenkig befestigten Stab. *F* zähe Flüssigkeit (Öl). (Abb. aus [29])

b2) Die Teilapparate innerhalb einer Flosse sind gekoppelt. Ihre Flossenstrahlen sind mechanisch miteinander verbunden. Auf Grund zentralnervöser Koppelung erzeugen ihre Kommandogeber normalerweise um einen festen Phasenabstand verschoben gleiche Kommandos, so daß sich auf der Flosse Wellen formieren. Auf breiten Flossen, in denen die Flossenstrahlen auch weiter voneinander entfernt sind, entstehen mehr Wellen. Bei Labrus z.B. liegen auf der Rückenflosse 1 bis 1,5, auf der Schwanzflosse weniger als 1 und auf der Brustflosse weniger als 0,5 Wellen. (Obwohl diese Flossen alle etwa 15 bewegliche Flossenstrahlen haben.) Die Anzahl der Wellen bleibt unabhängig von der Bewegungsgeschwindigkeit gleich, solange keine Wirkung von außerhalb der Flosse einwirkt. Die Richtung der Wellen kann sich auf der Schwanzflosse ausnahmsweise auch ändern.

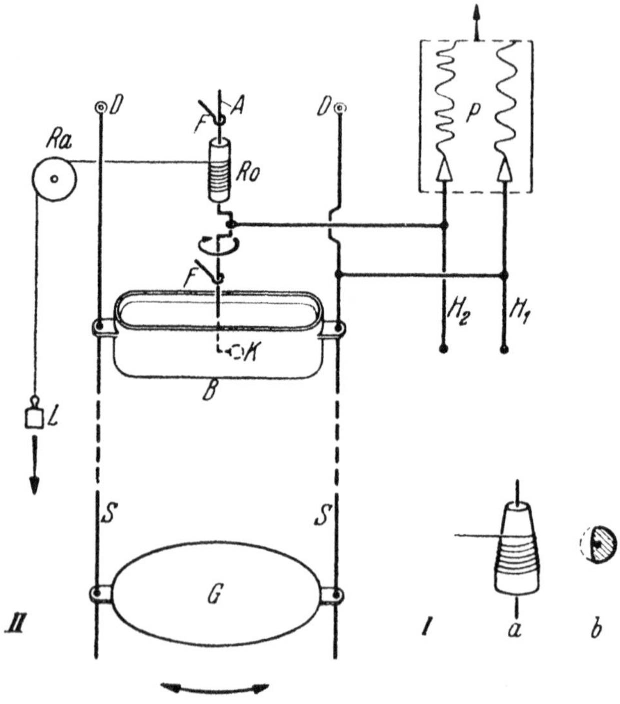

Abb. 9. Drittes Modell für die M-Wirkung »Koppelung zwischen Pendel und Rührer«. H_1 und H_2 stellen die Flossenbewegungen dar. *S* Schienen, die in *D* beweglich eingehängt und durch ein Gewicht *G* beschwert sind. Sie tragen das mit zäher Flüssigkeit (Sirup) gefüllte Becken *B*. Durch Schwingung dieses Pendelsystems wird der Schreibhebel H_1 bewegt. *A* Achse, die in einer festen Führung *F* drehbar gelagert ist. Sie wird durch einen auf der Rolle *Ro* aufgedrehten und über ein Laufrad *Ra* durch ein Gewicht *L* belasteten Faden angetrieben. Am unteren Ende der Achse *A*, die den Schreibhebel H_2 bewegt, sitzt in das Becken hineinreichend exentrisch die Kugel *K*. *P* Papier. Unter *I* sind abweichende Rollentypen gezeichnet, mit denen Kommandofolgen mit wachsender Beharrungstendenz (a) bzw. eingeschalteten Pausen (b) simuliert werden können. (Abb. aus [33])

Bei lokalen Geschwindigkeitsänderungen aufgrund von M-Wirkung können die Phasenabstände zwischen benachbarten Flossenstrahlen gleich bleiben, in der Regel ändern sie sich aber. Sie vergrößern sich dann bei Beschleunigung und verringern sich bei Verlangsamung und zwar um so mehr, je weiter die Flossenstrahlen (und damit die Kommandogeber) anatomisch voneinander entfernt liegen. Im Extremfall bleiben trotz Geschwindigkeitsänderung die Zeitdauern nach denen benachbarte Flossenstrahlen entsprechende Umkehrpunkte erreichen gleich, dann ist die Phasenabweichung maximal. Die Phasenabstände können von Fall

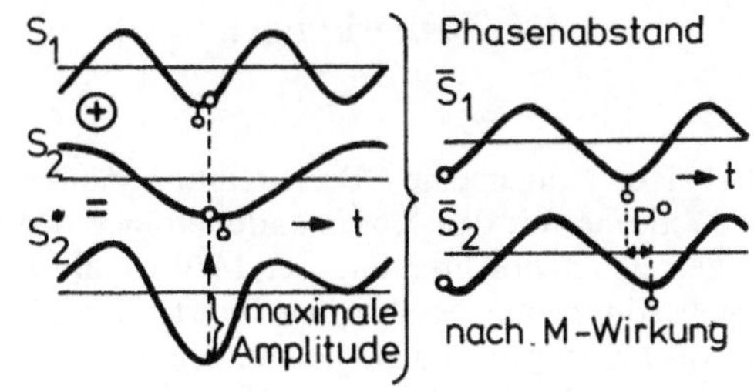

Abb. 10. Zusammenhang zwischen Superposition und M-Wirkung (Schema). S_1 und S_2 stellen die Ausgangsbewegungen zweier Flossen dar, die durch M-Wirkung aufeinander wirken. Die Phasenverschiebung P^0 der rechts gezeichneten frequenzgleichen Ergebnisbewegungen $\bar{S}_1$ und $\bar{S}_2$ läßt sich über die links unten gezeichnete Superpositionskurve S_2^* wie dargestellt voraussagen. Die mit 0 bezeichneten Punkte legen die Phasendifferenz P^0 fest

zu Fall verschiedene Werte zwischen den genannten Extremfällen annehmen.

M-Wirkung und Superposition ganzer Flossen aufeinander sind dadurch gekoppelt, daß die durch M-Wirkung angestrebte gegenseitige Phasenlage der Kommandos der einzelnen Teilapparate stets die ist, in der bei Superposition das Amplitudenmaximum der Bewegung liegt (Abb. 10).

([25] S. 362–367)
([26] S. 670–676)
([29] S. 16, Z. 21–34)
([31] S. 570–571; S. 573–574; S. 584–592; S. 599, Z. 34–42; S. 600; S. 601, Z. 3–11)
([32] S. 484–485)
([33] S. 266, Z. 17–26; S. 277–281)
([35] S. 375)

4) a) Bei Reizung der nach der Gehirnabtrennungsoperation von sich aus noch nicht tätigen Fischpräparate schlagen die normalerweise gegensinnig tätigen Brustflossen gleichsinnig.

([25] S. 366)
([33] S. 303)

b) Die für Fische beschriebenen Eigenschaften des Ortsbewegungsapparates gelten im wesentlichen auch für andere Wirbeltiere und Arthropoden.

([30])
([34])
([35])

III. Bemerkungen

1) Der unter II3b bei der allgemeinen Beschreibung der M-Wirkung dargestellte Zusammenhang der M-Wirkung mit den Kommandobeträgen der beteiligten Kommandos wurde in [26] bei der ersten Beschreibung der M-Wirkung als der wesentliche, die Größe der M-Wirkung bestimmende beschrieben. Dort wird dies begründet mit dem Satz: »Auf Grund der Ausmessungen und Berechnungen an einem zahlreichen Kurvenmaterial bin ich zu folgendem Schluß gekommen:«. In späteren Arbeiten wird zwar nicht ausdrücklich auf diese erste Beurteilung der Zusammenhänge zurückgegriffen. Die in Abb. 8 und Abb. 9 dargestellten physikalischen Modelle berücksichtigen dies aber. Wegen dieser Modelle und des Satzes, »Wir haben bisher angenommen, daß das Attraktionsmaximum des attraktiven Automatismus genau zwischen den Umkehrpunkten liegt, aber seine Lage kann anscheinend innerhalb gewisser Grenzen schwanken, ...«. ([26] S. 666, Z. 29–32), fasse ich die beiden sonst unabhängigen Erscheinungen der Phasendifferenzabhängigkeit und der Kommandoamplitudenabhängigkeit der Größe der M-Wirkung zusammen: Die Amplitudenabhängigkeit verstärkt bzw. schwächt die allgemein phasenabhängige Wirkung.

Im Zusammenhang der in dieser Arbeit entwickelten mathematischen Theorie kommt diesem Sachverhalt eine Schlüsselstellung zu.

2) Die in II1 genannten Unterteile der Kommandogeber sollen nach ([31] S. 602) und ([33] S. 284–285) dieselbe Struktur haben wie die hier dargestellten Kommandogeber. Diese Folgerung beruht auf dem wechselweisen Auftreten verschiedener Bewegungsamplituden (II2 und Abb. 4c) und dem Erscheinungsbild der durch Superpositionswirkung veränderten Bewegungen ganzer Flossen (II3b2, Absatz 3) bei dem der Eindruck entsteht, das superponierte Kommando könne phasenverschoben sein. In [32] (S. 487, Z. 31 – S. 488, Z. 3) kennzeichnet von Holst die Superposition als einen Spezialfall der M-Wirkung, in dem einige dieser selbständigen Unterkommandogeber durch M-Wirkung in die Frequenz des wirkenden Kommandos gezogen werden und ihre dadurch geänderten Kommandos dann den Kommandos der anderen zu dem Teilapparat gehörenden Unterkommandogeber überlagern. Ich folge diesem Schluß nicht, da auch hier die Superposition eine selbständige Funktion, allerdings in kleinerem Rahmen, bleibt und die Superpositionsphänomene bei ganzen Flossen, die mit dieser Konstruktion erklärt werden sollten, und das wechselweise Auftreten verschiedener Bewegungsamplituden auch ohne solche Unterkommandogeber erklärbar sind.

3) Aus den in II3b2 Absatz 2 für den Fall vorhandener M-Wirkung beschriebenen Befunden über die Veränderung der auf den Flossen formierten Wellen schließt von Holst in [31] (S. 587–592) auf eine Fortleitungsgeschwindigkeit der M-Wirkung von 30 – 40 cm/s. Diese Vorstellung führt zu gedanklichen Schwierigkeiten bei gegenseitiger Beeinflussung anatomisch weit auseinanderliegender Kommandogeber. Sie ist nach von Holsts eigenen Worten nicht abgesichert. Er schreibt in [31] (S. 589, Z. 29) »Die hier gegebene Ableitung hängt noch recht in der Luft, ...«. Ich verwerfe diese Schlußfolgerung daher. Die betreffenden Befunde formuliere ich abweichend von der sonstigen Formulierungsweise im wesentlichen auf der Ebene der beobachteten Bewegungen, da hier keine gesicherten Vorstellungen über die zentralnervösen Vorgänge vorliegen. (Entsprechendes gilt für den Wechsel der Bewegungsumkehrpunkte, die Pausen und die Beharrungstendenz.)

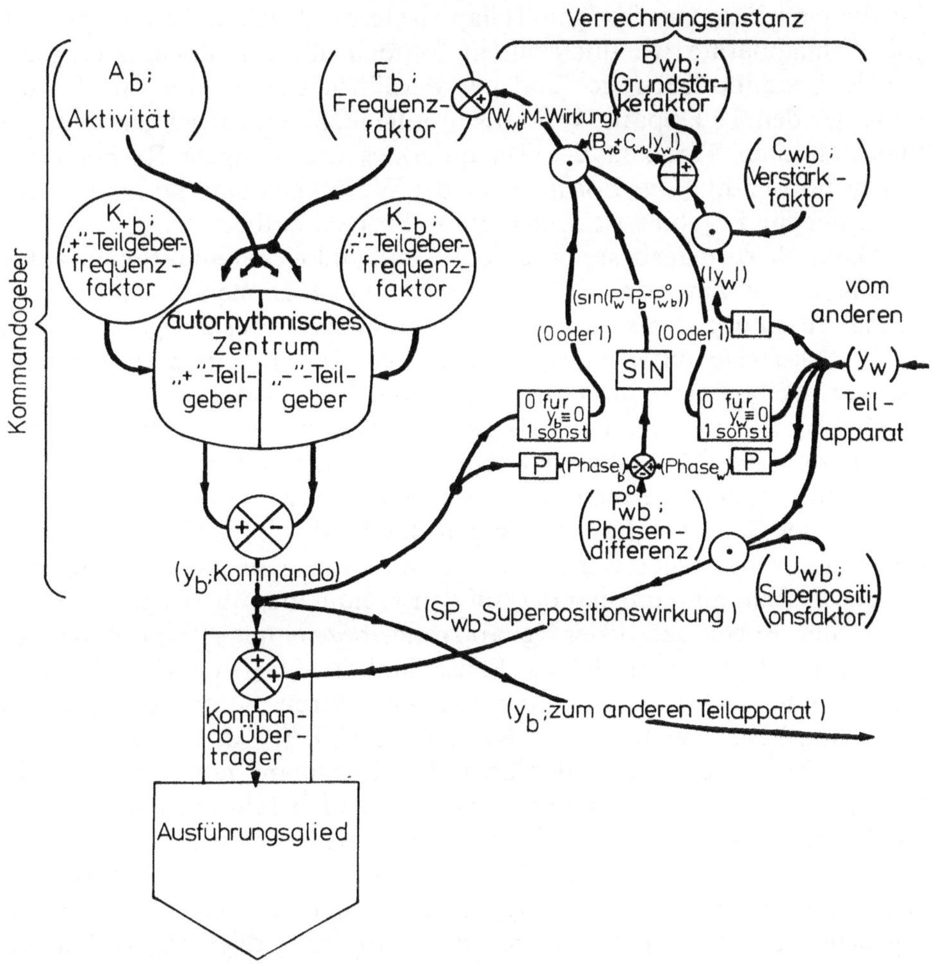

Abb. 11. Funktionsschaltbild eines Ortsbewegungsapparates mit nur 2 Teilapparaten, von denen der nicht gezeichnete TA_w (w=wirkend) auf den dargestellten TA_b (b=beeinflußt) durch M-Wirkung und Superposition wirkt. Äußerlich sichtbar ist nur das Ausführungsglied (Flossenstrahl) dazu gehört ein zentralnervöser Kommandogeber (autorhythmisches Zentrum und Verrechnungsinstanz) und ein Kommandoübertrager (Motoneurone, Muskeln). Die Funktionsstrukturen des »autorhythmischen Zentrums«, des Funktionsgliedes *P* und des Komandoübertragers und Ausführungsgliedes sind in den Formeln (AZ), (P) und (EF) in Kapitel CI dargestellt

C. Mathematische Theorie

I. Formulierung der Theorie

Der Ortsbewegungsapparat eines Fisches mit insgesamt *n* Flossenstrahlen wird durch *n* gleiche Formelsätze mit verschiedenen Parametern für die einzelnen zugehörigen Teilapparate beschrieben. Der Formelsatz jedes Teilapparates ist unterteilt in Formeln für den Kommandogeber, den Kommandoübertrager und das Ausführungsglied. Für die Berechnung der den Teilapparat von außen treffenden Wirkungen sind von der unbeeinflußten Tätigkeit des Teilapparates unabhängige Rechenoperationen notwendig. Die Formeln für die Wirkungen sind getrennt aufgeführt, nur ihr Ergebnis ist in den Hauptformeln enthalten.

Dadurch wird insbesondere der Kommandogeber funktionell aufgeteilt in einem autonomen Teil, in dem das Kommando entsteht, ich nenne ihn *autorhythmisches Zentrum*, und einen *Verrechnungsteil*, in dem in $n-1$ *Verrechnungsinstanzen* jeweils aus dem Kommando eines der anderen Teilapparate und dem hier gebildeten Kommando die $n-1$ möglichen voneinander unabhängigen M-Wirkungen berechnet werden. Die Summe der M-Wirkungen geht dann in das autorhythmische Zentrum ein. In den Verrechnungsinstanzen können zusätzlich auch die Stärken der Superpositionswirkungen durch Multiplikation der Fremdkommandos festgelegt werden. Diese Wirkungen und das Kommando treffen unabhängig voneinander auf den Kommandoübertrager.

In dem Formelsatz jedes Teilapparates bezeichnet $y(t)$ die Kommandofunktion, $P(t)$ die zugehörige Phasenfunktion, $W(t)$ die den Teilapparat treffende M-Wirkung, $S(t)$ die Lage der Extremität auf ihrer (ebenen) Bewegungsbahn relativ zum Körper und $SP(t)$ den durch Superposition bewirkten Anteil der über den Kommandoübertrager an der Extremität angreifenden Kräfte. Die Formeln beschreiben die Zusammenhänge dieser Zeitfunktionen untereinander und zu den Parametern, die physiologische Gegebenheiten oder Steuersignale des Organismus gegenüber seinem Ortsbewegungsapparat bedeuten. Bei numerisch vorgegebenen Parametern lassen sich die Funktionsgrößen im Verlauf der Zeit aus den Formeln berechnen. Dann simuliert das Formelsystem die Tätigkeiten des beschriebenen Ortsbewegungsapparates (Abb. 11).

Für den μ-ten Teilapparat, $\mu=1,2,\dots,n$ lautet der Formelsatz. TA_μ:

Kommandogeber KG_μ

a) autorhythmisches Zentrum

$$y'_{+\mu}(x)=K_{+\mu}A_\mu(F_\mu+W_\mu(x)+|y_{+\mu}(x)|)\cdot\left(\frac{A_\mu}{2}-\int_{0_\mu}^{x} y_{+\mu}(\zeta)\,d\zeta\right)\quad \text{in } \langle 0_\mu, \mathrm{d}_\mu)$$

$$y'_{-\mu}(x)=-K_{-\mu}A_\mu(F_\mu+W_\mu(x)+|y_{-\mu}(x)|)\cdot\left(\frac{A_\mu}{2}+\int_{d_\mu}^{x} y_{-\mu}(\zeta)\,d\zeta\right)\quad \text{in } \langle d_\mu, e_\mu) \qquad \text{(AZ)}$$

mit

$$y_{+\mu}(0_\mu) = \lim_{x \to d_\mu} y_{+\mu}(x) = y_{-\mu}(d_\mu) = \lim_{x \to e_\mu} y_{-\mu}(x) = 0,$$

wobei $y_{+\mu}(x)$ und $y_{-\mu}(x)$ sonst keine Nullstellen haben, und dem Beginnschlüssel $\tau^*_{0\mu} = \tau^+_{0\mu}$ oder $\tau^-_{0\mu}$.

Aus diesen Gleichungen ist die Kommandofunktion $y_\mu(t)$ zu bestimmen, indem vom Zeitpunkt $\tau_{0\mu}$ des Tätigkeitsanfanges dieses Kommandogebers beginnend jeweils im Wechsel die Lösungen der beiden Anfangswertaufgaben aneinandergefügt werden. Ob mit der ersten oder der zweiten Anfangswertaufgabe zu beginnen ist, wird durch das dem Beginnschlüssel beigefügte Vorzeichen festgelegt. Das » + «Zeichen bedeutet Beginn mit der ersten Gleichung, das » – «Zeichen verweist auf die zweite Gleichung. Bei Untätigkeit des autorhythmischen Zentrums ist $y_\mu(t) \equiv 0$. Die Zeit innerhalb des Kommandos wird mit x bezeichnet, $x \in \langle 0_\mu, e_\mu)$.

b) Verrechnungsteil

Der Kommandofunktion ist eine Phasenfunktion zugeordnet, die in gleicher Art definiert ist durch

$$P_\mu(x) = \begin{cases} \dfrac{\pi}{A_\mu} \displaystyle\int_{0_\mu}^{x} |y_{+\mu}(\zeta)|\, d\zeta & \text{in } \langle 0_\mu, d_\mu) \\[2ex] \dfrac{\pi}{A_\mu} \displaystyle\int_{d_\mu}^{x} |y_{-\mu}(\zeta)|\, d\zeta + \pi & \text{in } \langle d_\mu, e_\mu) \end{cases} \tag{P}$$

Die den Kommandogeber treffende M-Wirkung $W_\mu(t)$ ist gegeben durch die Formel

$$W_\mu(t) = \sum_{\substack{\nu=1 \\ \nu \neq \mu}}^{n} W_{\nu\mu}(t) = \sum_{\substack{\nu=1 \\ \nu \neq \mu}}^{n} (B_{\nu\mu} + C_{\nu\mu} |y_\nu(t)|) \cdot \sin(P_\nu(t) - P_\mu(t) - P^0_{\nu\mu}). \tag{W}$$

Sind der beeinflußte μ-te oder der wirkende ν-te Kommandogeber nicht tätig, so ist $W_{\nu\mu}(t) \equiv 0$.

Kommandoübertrager und Ausführungsglied (Effektor): EF_μ

$$\ddot{S}_\mu(t) + D_\mu \dot{S}_\mu(t) + R_\mu(S_\mu(t) - M_\mu) = E_\mu(G_\mu + \int_{I_\mu} y_\mu(t)\, dt + SP_\mu(t)) + ST_\mu \tag{EF}$$

mit der mechanischen Bewegungsbegrenzung

$$S_\mu^*(t) = \begin{cases} S_\mu(t) & \text{falls } MA_{-\mu} < S_\mu(t) < MA_{+\mu} \\ MA_{+\mu} & \text{falls } S_\mu(t) \geqq MA_{+\mu} \\ MA_{-\mu} & \text{falls } S_\mu(t) \leqq MA_{-\mu}. \end{cases}$$

Die rechte Seite der Gleichung (EF) ist die Beschreibung des Kommandoübertragers, die linke die des Ausführungsgliedes.

Wie üblich bedeuten $\dot{S}_\mu(t)$ bzw. $\ddot{S}_\mu(t)$ die erste bzw. zweite Ableitung der Lagefunktion $S_\mu(t)$ nach der Zeit. ST_μ beschreibt Funktionsstörungen an den Muskeln.

Die Auswirkung der Superposition ist in dieser Formel dargestellt durch

$$SP_\mu(t) = \sum_{\substack{\nu=1 \\ \nu \neq \mu}}^{n} SP_{\nu\mu}(t) = \sum_{\substack{\nu=1 \\ \nu \neq \mu}}^{n} U_{\nu\mu} \int_{I_\nu} y_\nu(\tau)\, d\tau. \qquad \text{(SP)}$$

In den Formeln sind die Integrationsbereiche I_ν jeweils dadurch festgelegt, daß nach jeder Nullstelle des Integranden mit dem Integralwert 0 beginnend bis zur nächsten Nullstelle des Integranden zu integrieren ist.

Bedeutung der Parameter

Es bedeuten in (AZ) und (P)

$A_\mu \geqq 0$	Aktivität des Kommandogebers, die auch den Wert 0 annehmen kann.
$F_\mu > 0$	Frequenzfaktor
$K_{+\mu}, K_{-\mu} > 0$	Teilgeberfrequenzfaktoren

in (W)

$B_{\nu\mu} > 0$	Grundstärkefaktor der M-Wirkung des ν-ten auf den μ-ten Kommandogeber
$C_{\nu\mu} \geqq 0$	Verstärkungsfaktor
$P_{\nu\mu}^0$	Phasendifferenz, die von der M-Wirkung des ν-ten auf den μ-ten Kommandogeber angestrebt wird.

in (EF) und (SP)

$D_\mu > 0$	Dämpfungsfaktor
$R_\mu > 0$	Rückstellkraftfaktor
M_μ	Schwingungsgleichwert
$E_\mu \geqq 0$	Übertragungsfaktor des Kommandoübertragers
$U_{\nu\mu} \geqq 0$	Stärkefaktor der Superposition des ν-ten auf den μ-ten Teilapparat

G_μ Fremdsignale, die nicht von Kommandogebern kommend über den Kommandoübertrager beim Ausführungsglied eintreffen.

ST_μ Störungen der Muskeln, die nicht über den Kommandoübertrager eintreffen.

$MA_{+\mu}$ und $MA_{-\mu}$ mechanische Lagebegrenzungen für den Flossenstrahl. Sie sind allgemein so zu wählen, daß sie die Bewegung nur in Ausnahmefällen beeinflussen.

Alle Parameter sind im Verlauf der Zeit in ihren Definitionsgrenzen veränderlich, also Zeitfunktionen. Ihre Änderung stellt Führungsleistungen des Organismus gegenüber seinem Ortsbewegungsapparat oder physiologische Änderungen innerhalb dieses Apparates dar und verläuft im allgemeinen nicht periodisch.

II. Herleitung der Formeln

Formulierungsregel: Notwendigerweise multiplikative Verknüpfungen beschreibe ich durch das Produkt. Bei der mathematischen Beschreibung von sonstigen funktionellen Abhängigkeiten beschränke ich mich auf lineare Formeln mit möglichst einfachen Koeffizienten:

Für eine allgemeine nicht periodische Abhängigkeit einer Größe y von einer Größe x ist dies z.B. der Ansatz $y=ax+b$, wobei $a=1$ und $b=0$ zun setzen ist, falls die Befunde nicht eine Veränderlichkeit erforderlich machen.

Für periodische Abhängigkeiten ist $y=\frac{a_0}{2}+(a_1 \cos x+b_1 \sin x)$ zu setzen. Dies sind die ersten beiden Glieder der Fourierentwicklung der auf die Periode 2π normierten Funktion. Auch hier sind die Koeffizienten möglichst einfach zu wählen, also falls nicht Veränderlichkeit notwendig ist, 0 oder 1 zu setzen.

Zur Umformulierung vorliegender Formeln werden Differentiation und Integration möglichst selten und höchstens dann ausgeführt, wenn die entstehenden Differentiale bzw. Integrale eine anschauliche Entsprechung in den biologischen Befunden haben.

1) Kommandogeber

a) Autorhythmisches Zentrum

α) Im einfachsten Fall erzeugt der unbeeinflußte Kommandogeber nach B II 2 eine periodische Kommandofolge mit bis auf das Vorzeichen gleichen Teilkommandos ohne Pausen. Die Teilkommandos wachsen dabei vom Nullwert zu einem Extremum an und fallen dann symmetrisch zum Anstieg wieder auf Null zurück. Es gibt also Symmetrien innerhalb der Teilkommandos bezüglich des Extremums und zwischen den entgegengesetzten Teilkommandos bezüglich des Nullwertes und die Kommandofunktion ist periodisch.

Die Abhängigkeit des Kommandowertes $y(x)$ von der Zeit x, gemessen vom Beginn eines positiven Teilkommandos, ist nach der Formulierungsregel durch $y(x)=b\sin a x$ zu beschreiben, da wegen der genannten Symmetrien im allgemeinen Ansatz das konstante Glied und der Koeffizient des Cosinus verschwinden. Die Koeffizienten $b>0$ und $a>0$ können nicht als 1 festgelegt werden, da die Frequenz und die Teilkommandomasse, die indirekt über die Amplitude bestimmt ist, veränderlich sind.

Die Formel für $y(x)$ schreibe ich wegen der Anschaulichkeit weiterer Herleitungsschritte in eine Differential-Integral-Gleichung um. Differentiation bzw. Integration liefern

$$y'(x)=a\,b\cos a\,x$$

bzw.

$$\int_0^x y(\zeta)\,d\zeta=-\frac{b}{a}\cos a\,x+\frac{b}{a},$$

dabei ist in der 2. Gleichung die Integrationskonstante durch die Wahl der unteren Integrationsgrenze 0 auf $\frac{b}{a}$ festgelegt.

Aus den beiden Gleichungen eliminiere ich $\cos a\,x$ und habe damit

$$_{(1)}y'(x)=a^2\left(\frac{b}{a}-\int_0^x {}_{(1)}y(\zeta)\,d\zeta\right) \tag{1}$$

mit der Anfangsbedingung

$$_{(1)}y(0)=0$$

als eindeutige Beschreibung des bisherigen Ansatzes. Hierin bezeichnet das eingeklammerte Subskript die laufende Nummer des Herleitungsschrittes. $_{(1)}y'(x)$ ist die zeitliche Änderung des Kommandos und $\int_0^x {}_{(1)}y(\zeta)\,d\zeta$ die Zeitfunktion der Teilkommandomasse. Es genügt für das folgende, die erste Periode der Funktion $_{(1)}y(x)$ zu betrachten. Sie enthält die Beschreibung für die beiden Teilkommandos. Das »+«Teilkommando $_{(1)}y_+(x)$ beginnt bei $x=0$. Es endet bei der folgenden Nullstelle von $_{(1)}y_+(x)$, deren Zeitpunkt ich d nenne. Das »−«Teilkommando $_{(1)}y_-(x)$ beginnt dann bei $x=d$ und endet bei der nächsten Nullstelle. Den zugehörigen x-Wert nenne ich e.

Die beiden Teilkommandos werden nach B II 1 von verschiedenen Teilgebern erzeugt, die ich entsprechend »+« Teilgeber und »−« Teilgeber nenne.

β) Ich betrachte nun zunächst nur das »+«Teilkommando. In Gl. (1) ist a^2 nur frequenzbestimmt, $\frac{b}{a}$ ist die Hälfte des Integralwertes über das Teilkommando, also die Hälfte der Teilkommandomasse;

$$\int_0^{\pi/a} {}_{(1)}y_+(\zeta)\,d\zeta = -\frac{b}{a}\cos a x + \frac{b}{a}\Big|_0^{\pi/a} = 2\frac{b}{a}.$$

Da Frequenz und Teilkommandomasse nach B II 2 im allgemeinen (bis auf das unter γ behandelte) unabhängig voneinander sein sollen, setze ich $a^2 = F$ und $\frac{2b}{a} = A$ für Frequenz und Teilkommandomasse in die Gl. (1) ein, und betrachte F und A weiterhin als voneinander unabhängige Größen. Damit gilt

$$ {}_{(2)}y'_+(x) = F\left(\frac{A}{2} - \int_0^x {}_{(2)}y_+(\zeta)\,d\zeta\right) \quad \text{in } \langle 0, d) \tag{2}$$

mit der Anfangsbedingung

$$ {}_{(2)}y_+(0) = 0.$$

Aus der eindeutig bestimmten Lösung ${}_{(2)}y_+(x) = \frac{A}{2}\sqrt{F}\sin(\sqrt{F}\,x)$ ist zu erkennen, daß die Festlegung tatsächlich den gewünschten Erfolg hatte. F steht für »Frequenzfaktor« und A für »Aktivität«.

γ) Die in β angenommene vollständige Unabhängigkeit von F und A wird der Forderung aus B II 2, nach der mit der Teilkommandomasse auch die Frequenz sinkt, nicht gerecht. Da dies für alle Frequenzen in gleicher Weise gilt, ist hier eine relative Änderung des Faktors F notwendig. Man benötigt also einen zusätzlichen, von F unabhängigen aber von A abhängigen Frequenzfaktor F_1. Nach der Formulierungsregel habe ich $F_1 = A$ zu setzen und erhalte:

$$ {}_{(3)}y'_+(x) = A\cdot F\left(\frac{A}{2} - \int_0^x {}_{(3)}y_+(\zeta)\,d\zeta\right) \quad \text{in } \langle 0, d) \tag{3}$$

mit

$$ {}_{(3)}y_+(0) = 0.$$

δ) Für das »$-$«Teilkommando gelten dieselben Herleitungsschritte wie für das bisher betrachtete »$+$«Teilkommando, nur sind dabei das Minuszeichen und die Benennung des Definitionsintervalls $\langle d, e)$ zu berücksichtigen.

Die beiden Teilkommandos können nach BII2 unabhängig von der allgemeinen Frequenz des Kommandos unterschiedliche Frequenzen haben. Zur Darstellung dieses Sachverhaltes sind für die beiden Teilkommandos verschiedene, positive Faktoren K_+ bzw. K_- in die Formeln einzusetzen. Die Formeln lauten dann:

$$
\begin{aligned}
{}_{(4)}y'_+(x) &= K_+\, AF\left(\frac{A}{2} - \int_0^x {}_{(4)}y_+(\zeta)\, d\zeta\right) && \text{in } \langle 0, d) \\
{}_{(4)}y'_-(x) &= -K_-\, AF\left(\frac{A}{2} + \int_d^x {}_{(4)}y_-(\zeta)\, d\zeta\right) && \text{in } \langle d, e)
\end{aligned}
\tag{4}
$$

mit

$$ {}_{(4)}y_+(0) = {}_{(4)}y_-(d) = 0. $$

ε) Die M-Wirkung wirkt nach BII3b auf die Frequenz des Kommandos, d.h. auf den Frequenzfaktor F. Richtung und Stärke der M-Wirkung sind, bis auf die unter η) behandelte Schwächung durch den Betrag des hier erzeugten Kommandos, zu jeder Zeit x durch Vorzeichen und Betrag einer reellen Zahl $W(x)$ darstellbar, die in b) hergeleitet wird. Diese M-Wirkung darf nicht als Faktor in die Beschreibung eingehen, da sonst bei fehlender M-Wirkung die zeitliche Änderung der Teilkommandos Null wäre und daher wegen des Beginns der Teilkommandos mit dem Wert 0 kein unbeeinflußtes Kommando möglich wäre.

Der Frequenzfaktor muß daher durch eine Größe ersetzt werden, die gleichzeitig von den untereinander unabhängigen F und $W(x)$ abhängt. Dies ist wieder nach der Formulierungsregel durch den Ausdruck $F + W(x)$ zu beschreiben. Die Formeln lauten damit

$$
\begin{aligned}
{}_{(5)}y'_+(x) &= K_+\, A(F + W(x))\left(\frac{A}{2} - \int_0^x {}_{(5)}y_+(\zeta)\, d\zeta\right) && \text{in } \langle 0, d), \\
{}_{(5)}y'_-(x) &= -K_-\, A(F + W(x))\left(\frac{A}{2} + \int_d^x {}_{(5)}y_-(\zeta)\, d\zeta\right) && \text{in } \langle d, e)
\end{aligned}
\tag{5}
$$

mit

$$ {}_{(5)}y_+(0) = {}_{(5)}y_-(d) = 0. $$

η) Nach BII3b Absatz 3 soll die M-Wirkung um so weniger wirken, je größer der Betrag des beeinflußten Kommandos ist. Der Frequenzfaktor $F+W(x)$, der bisher die Abhängigkeit der momentanen Frequenz von Eigenfrequenz und M-Wirkung beschreibt, muß daher zusätzlich von der von F und $W(x)$ unabhängigen Amplitude $|y(x)|$ abhängig sein. Es ist für den Frequenzfaktor nun der Ausdruck $F+W(x)+|y(x)|$ einzusetzen, wobei $y(x)$ jeweils für $y_+(x)$ bzw. $y_-(x)$ steht. Ich erhalte damit als endgültige Beschreibung des autorhythmischen Zentrums die Formeln (AZ) in CI.

b) Verrechnungsteil

b1) Phase

Das Kommando legt nach BII2 eine Phasenfunktion fest, die angibt, wie weit es zur Zeit im Blick auf seinen Gesamtverlauf gerade abgelaufen ist. Zur Konstruktion der Phase benötigt man zunächst eine eindeutige Beschreibung des Ablaufes des Kommandos. Dieser wird in den offenen Intervallen $(0, d)$ und (d, e) durch

$$\int_0^x y_+(\zeta)\, d\zeta \quad \text{bzw.} \quad \int_d^x y_-(\zeta)\, d\zeta$$

stetig und eineindeutig beschrieben. Die Integrale entsprechen der Formulierungsregel, wie man aus der Summendarstellung $\sum_{\nu=1}^{m} \bar{y}_{+\nu}\, dx_\nu$ abliest, die z.B. für das 1. Integral innerhalb fester Grenzen vor dem Grenzübergang $dx_\nu \to 0$ gilt. Der infinitesimale Zuwachs, in der Summe durch $\bar{y}_{+\nu} \cdot dx_\nu$ bezeichnet, ist abhängig von einem Kommandozeitwert $\bar{y}_{+\nu}$ im Zuwachszeitintervall, der wegen der Stetigkeit von $y_+(x)$ eine Näherung für alle Funktionswerte dieses Intervalls ist, und zusätzlich multiplikativ abhängig von der durch dx_ν gemessenen Zeitdauer des Intervalls. Als Faktoren sind wie üblich die Größen selbst als einfachste Funktionen von sich verwendet. Die verschiedenen, nacheinander folgenden, voneinander unabhängigen Zuwachse bestimmen der Regel entsprechend durch ihre Summe die Beschreibungsfunktion. Mit dem Grenzübergang $dx_\nu \to 0$ entfällt die bei der Einschränkung auf den Näherungswert $\bar{y}_{+\nu}$ entstandene Ungenauigkeit wieder. Die Phase ist nun als Funktion dieser Ablaufbeschreibung zu konstruieren. Der vereinbarte lineare Ansatz lautet

$$P(x) = P(y(x)) = \begin{cases} S_+ \int_0^x y_+(\zeta)\, d\zeta + C_+ & \text{in } \langle 0, d) \\ S_- \int_d^x y_-(\zeta)\, d\zeta + C_- & \text{in } \langle d, e) \end{cases}$$

Die Phasenwerte sollen Näherungen für Bruchteile des am Ende des Kommandos vorliegenden Phasenwertes darstellen.

Drei Phasenwerte liegen von vornherein fest, der Anfang $P(0)=0$, der Wert $P(d)=\frac{1}{2}$. Endwert, da nach B II 3b ein Teilkommando der Hälfte des Kommandos entsprechen soll, und schließlich $P(e)=$Endwert. Mit diesen 3 Werten lassen sich die Koeffizienten S_+, S_-, C_+ und C_- berechnen, wenn ohne Einschränkung der Allgemeinheit der Endwert der Phase auf 2π festgesetzt wird.

Aus $P(0)=0$ folgt $C_+=0$. Aus $\lim\limits_{x\to d} P(x)=\pi$ und

$$\lim_{x\to d} \int_0^x y_+(\zeta)\, d\zeta = A$$

(Beweis in III 2c) folgt $S_+=\frac{\pi}{A}$. Entsprechend berechnet man aus der 2. Gleichung $S_-=-\frac{\pi}{A}$ und $C_-=\pi$. Weil die Phase allgemein nur nichtnegative Werte annehmen soll, formuliere ich die gefundene Abhängigkeit so um, daß sie auch bei etwa auftretenden Vorzeichenwechseln sinnvoll bleibt, indem ich die Vorzeichen von S_+ und S_- durch den Betrag der Integranden ausdrücke. Ich erhalte

$$P(x)=P(y(x))=\begin{cases} \dfrac{\pi}{A}\displaystyle\int_0^x |y_+(\zeta)|\, d\zeta & \text{in } \langle 0, d) \\ \dfrac{\pi}{A}\displaystyle\int_d^x |y_-(\zeta)|\, d\zeta + \pi & \text{in } \langle d, e) \end{cases},$$

also die Formel (P) in C I für die gesuchte Phase. Da diese nur definiert ist, wenn tatsächlich Kommandos entstehen, was höchstens für $A \neq 0$ geschieht, hat der Ausdruck $\frac{\pi}{A}$ in der Phasendefinition ständig einen Sinn.

b2) M-Wirkung

Die Formel für die M-Wirkung ergibt sich nun ohne weiteres aus der Beschreibung der M-Wirkung in B II 3b.

Zunächst zeigt sich, daß die M-Wirkung eine periodische Funktion der Phasendifferenz mit der Periode 2π ist.

Der Kommandogeber KG_w wirke durch M-Wirkung $W_{wb}(t)$ auf den Kommandogeber KG_b, die angestrebte Phasendifferenz sei zunächst $P_{wb}^0=0$. Die Indizes w bzw. b stehen für »wirkend« bzw. »beeinflußt«.

Für die Beschreibung der periodischen Abhängigkeit zwischen Phasendifferenz $P_w(t)-P_b(t)$ und Wirkungsstärke habe ich die ersten beiden Glieder der Fourierreihe anzusetzen.

Der Ansatz muß die allgemeine Form haben:

$$W_{wb}(t) = \frac{a_0}{2} + a_1 \sin(P_w(t) - P_b(t)) + b_1 \cos(P_w(t) - P_b(t)).$$

Da nach der Darstellung in BII 3b W_{wb} zumindest ohne den Amplitudeneinfluß eine ungerade Funktion der Phasendifferenz $\Delta P = P_w - P_b$ ist, d.h. $W_{wb}(-\Delta P) = -W(\Delta P)$ gilt, folgt, daß das konstante Glied und der Koeffizient des Cosinus in dem Ansatz Null sein müssen. Die erste Beschreibung der M-Wirkung lautet daher

$$_{(1)}W_{wb}(t) = {}_{(1)}W_{wb}(P_w(t) - P_b(t)) = B_{wb} \sin(P_w(t) - P_b(t)),$$

wobei $B_{wb} \geqq 0$ die allgemeine Stärke der Wirkung festlegt. Bei angestrebten Phasendifferenzen, $P_{wb}^0 \neq 0$ gelten dieselben Überlegungen ausgehend von dem bei der angestrebten Phasendifferenz vorliegenden Wirkungsnullpunkt, d.h. es gilt

$$_{(2)}W_{wb}(t) = {}_{(2)}W_{wb}(P_w(t) - P_b(t) - P_{wb}^0) = B_{wb} \sin(P_w(t) - P_b(t) - P_{wb}^0).$$

Der bisherige Ansatz berücksichtigt nicht die in BII3b im 3. Absatz geforderte Verstärkung der M-Wirkung durch die Amplitude $|y_w(t)|$ des wirkenden Kommandos. Die Verstärkung kann nur auf den Stärkefaktor B_{wb} wirken, da das Vorzeichen der Wirkung nicht geändert werden darf. Hier liegt keine Aussage darüber vor, ob diese Verstärkung bei unterschiedlich starken Wirkungen immer in gleicher Weise auftritt. Ein multiplikatives Eingreifen ist daher nicht zu rechtfertigen. Nach der Formulierungsregel setze ich $(B_{wb} + C_{wb}|y_w(t)|)$ für den Stärkefaktor ein. Dabei ist $C_{wb} \geqq 0$ notwendigerweise als veränderlich anzunehmen, da sonst die Wirkung nicht zeitweise identisch verschwinden könnte, wie es in BII3 gefordert wird. Die Abhängigkeit der M-Wirkung von der Amplitude des beeinflußten Kommandos wurde schon bei der Herleitung der Formel (AZ) berücksichtigt.

Als endgültige Formel der M-Wirkung habe ich also:

$$W_{wb}(t) = (B_{wb} + C_{wb}|y_w(t)|) \sin(P_w(t) - P_b(t) - P_{wb}^0).$$

Wirken mehrere, etwa alle $n-1$ restlichen im Ortsbewegungsapparat vorhandenen Kommandogeber durch M-Wirkung auf den betrachteten, beeinflußten Kommandogeber, so sind ihre Wirkungen unabhängig voneinander in gleicher Weise herzuleiten. Die Gesamtwirkung ist durch die Summe der Einzelwirkungen in der Formel (W) in CI beschrieben.

2) Effektor
(Kommandoübertrager und Ausführungsglied)

Die Formel (EF) in CI ergibt sich direkt als linearer Ansatz für die bekannten anatomischen und physiologischen Zusammenhänge. Die linke Seite der Gleichung beschreibt das Ausführungsglied ohne die Kräfte, die durch Muskelzug aufgrund von Steuersignalen oder Störungen entstehen.

In der Form

$$\ddot{S}(t) = -D\dot{S}(t) - R(S(t) - M) \tag{1}$$

beschreibt dieser Teil der Gleichung das Kraftgesetz, actio = reactio, allerdings nach Division durch die Masse des Ausführungsgliedes. Der Beschleunigung des Flossenstrahls wirken geschwindigkeitsabhängige Reibungskräfte, die durch Reibungen in und zwischen den Muskeln und Gelenken entstehen, und Rückstellkräfte, die auf Spannungen von Sehnen und Muskeln beruhen und daher von der Auslenkung aus der Ruhelage M abhängen, entgegen.

Die rechte Seite der Gl. (EF) beschreibt den Muskelzug, der infolge der zentralnervösen Signale auf das Ausführungsglied wirkt und mechanische oder physiologische Störungen ST. Diese zusätzlichen Kräfte kann man in der Gl. (1) zu den rechts aufgeführten addieren.

Der Muskelzug

$$E\left(G + \int_I y(t)\,dt + SP(t)\right) \tag{2}$$

ist aufzuteilen in den von agonistischen und antagonistischen Muskeln ausgeführten. Dies ist durch die Integrationsgrenzen I bei der Integration über das Kommando $y(t)$ und die in der Superpositionswirkung auftretenden fremden Kommandos und durch das Vorzeichen von G berücksichtigt. Steuersignale neben den Kommandos, die beide Muskelgruppen gleichzeitig treffen und der Muskeltonus sind nicht in G sondern in der Gl. (1) in den Koeffizienten D und R mitberücksichtigt. Alle in dem Ausdruck (2) im Moment positiven Größen wirken auf die Agonisten, alle negativen auf die Antagonisten.

Die Kommandos bewirken nach der physiologischen Vorstellung (Abb. 4) summative Muskelkontraktion über zusammenhängende Salven von über die Motoneurone bei den Muskeln eingehenden Aktionspotentialen. Im übrigen wird der Muskel über seine mechanischen Verbindungen im Rahmen des Ausführungsgliedes passiv bewegt. Durch die Körperform und den anatomischen Bau des Ausführungsgliedes bedingt werden die tatsächlichen Bewegungen zusätzlich durch mechanisch oder physiologisch festgelegte Lagebegrenzungen MA_+ und MA_- eingeschränkt.

III. Eignung der Formeln

Hier ist zu zeigen, daß die Formeln aus CI zur qualitativen Beschreibung aller in Kapitel B dargestellten Eigenschaften des Ortsbewegungsapparates der Fische geeignet sind.

Zum Nachweis der Eigenschaften der Formeln sind der allgemeine Aufbau des Formelsystems, die Verknüpfungen der Größen innerhalb der Formeln und gezielt festgelegte Parameterzeitfunktionen mit möglichen gegenseitigen Beziehungen untereiander zu diskutieren. Spezielle, notwendigerweise zeitlich veränderliche Parameterfunktionen werden nur bei der Beschreibung der meist bei geschwächter Tätigkeit auftretenden Pausen und der ausnahmsweise möglichen Wechsel der Bewegungsumkehrpunkte benötigt. Sie können Folge von Lenksignalen aus dem übrigen Organismus an den Ortsbewegungsapparat sein. Übereinstimmung zwischen Befunden und Formelleistungen kann nur bis auf die bei den ausgewerteten physiologischen Messungen selbstverständlichen Schwankungen erwartet werden.

Im folgenden werden die Formeln nacheinander in der Reihenfolge der Aussagen in Kapitel B II und der dortigen Untergliederung folgend auf die dort geforderten Leistungen hin untersucht. Einzelne Gedankengänge sind durch weitere Unterteilung voneinander abgegrenzt. Verweise auf bestimmte Aussagen erfolgen durch Angabe der Untergliederungsindizes beginnend mit der Bezeichnung unterhalb der ersten gemeinsamen Unterteilungsstufe; z.B. wird von diesem Unterkapitel, C III, durch Angabe von I auf C I verwiesen. Ein Verweis auf eine Aussage aus Kapitel B kann z.B. B II 3b lauten. Verweise auf die Formeln aus C I erfolgen durch Angabe der eingeklammerten Buchstabengruppe, mit der sie dort bezeichnet sind, z.B. (AZ).

1) Der Aufbau des Formelsystems entspricht offenbar der in B II 1 beschriebenen Untergliederung des Ortsbewegungsapparates. Nur die weitere Unterteilbarkeit der beiden Teilgeber des Kommandogebers ist aus den Formeln (AZ) nicht abzulesen. Es zeigt sich aber bei der Behandlung der sprunghaften Änderungen der Umkehrpunkte der Bewegungen unter 2f, daß der Parameter A zur Beschreibung der Unterteilbarkeit geeignet ist. Die funktionellen Forderungen aus B II 1 an Kommandoübertrager und Ausführungsglied wurden bei der Herleitung der Formel (EF) berücksichtigt.

2) In B II 2 sind Befunde über die Kommandoerzeugung des Kommandogebers ohne Einfluß von M-Wirkung zusammengefaßt. Die Gleichungen (AZ) und (P) sollen diese Befunde beschreiben.

a) Zunächst ist festzustellen, daß bei $A=0$ $y(t)\equiv 0$ bleibt. Der Kommandogeber kann daher ruhen, d.h. keine Kommandos erzeugen.

b) Ist aber $A>0$, so haben die reellen Funktionen $y_+(x)$ und $y_-(x)$ verschiedenes Vorzeichen.

Mit positivem K_+, K_- und F sind z.B. $y_+(0)=0$ und

$$y'_+(0)=K_+\,A(F+0+|y_+(0)|)\left(\frac{A}{2}-\int_0^0 y_+(\zeta)\,d\zeta\right)>0$$

und $y_+(x)$ wächst mit wachsendem x bis $\int_0^x y_+(\zeta)\,d\zeta$ größer als $\frac{A}{2}$ wird.

Dann ist der Faktor $\left(\frac{A}{2}-\int_0^x y_+(\zeta)\,d\zeta\right)<0$ und daher $y'_+(x)<0$ und $y_+(x)$ fällt monoton bis es bei $x=d$ verschwindet.

Für $y_-(x)$ gilt entsprechendes mit negativem Vorzeichen, da $y_-(x)\leqq 0$ und $\int_d^x y_-(\zeta)\,d\zeta\leqq 0$ für $x\in(d,e)$ sind.

c) Ob die Teilkommandos symmetrisch zum Anstieg von ihrem Extremum an wieder abfallen, ist aus den Formeln (AZ) nicht unmittelbar zu erkennen, obwohl man es im Einzelfall leicht nachrechnet. Die folgenden Überlegungen zeigen es auch allgemein. Da die beiden Gl. (AZ) sich nur im Vorzeichen der Lösung unterscheiden, reicht es, die erste von ihnen, die das »$+$«Teilkommando beschreibt, zu untersuchen.

Mit den Bezeichnungsänderungen

$$\int_0^x y_+(\zeta)\,d\zeta=:g(x) \quad \text{und} \quad 0\leqq y_+(x)=|y_+(x)|=:g'(x)$$

wird aus der Differential-Integralgleichung eine Differentialgleichung 2. Ordnung, nämlich

$$g''+K_+\,A\left(g-\frac{A}{2}\right)g'+K_+\,A(F+W)\,g-K_+\,\frac{A^2}{2}(F+W)=0$$

mit den Anfangsbedingungen $g(0)=g'(0)=0$.

Da diese Gleichung x nicht explizit enthält, kann sie mit dem Veränderlichenwechsel $g'=:p$ und damit $g''=\frac{dp}{dx}=\frac{dp}{dg}\cdot\frac{dg}{dx}=p\cdot\frac{dp}{dg}$ auf eine Differentialgleichung 1. Ordnung zurückgeführt werden. Dieser Schritt liefert die ursprüngliche Gleichung in einer für die weitere Behandlung günstigen Schreibweise:

$$p\frac{dp}{dg}+K_+\,A\left(g-\frac{A}{2}\right)p+K_+\,A(F+W)\,g-K_+\,\frac{A^2}{2}(F+W)=0$$

oder

$$p\,dp + K_+ A\left(g - \frac{A}{2}\right)(p + F + W)\,dg = 0$$

mit den Anfangsbedingungen $g(0) = p(0) = 0$.

Division durch $(p + F + W) \neq 0$ ermöglicht hier die Trennung der Veränderlichen. Die Integration des entstehenden Ausdrucks

$$\frac{p\,dp}{(p + F + W)} + K_+ A\left(g - \frac{A}{2}\right) dg = 0$$

liefert das sogenannte 1. Integral

$$C_1 = H(p, g) = p - (F + W)\ln|p + F + W| + K_+ \frac{A}{2}(g^2 - A g).$$

Nach Auflösung dieser Gleichung nach g erhalte ich

$$g_{1,2} = \frac{A}{2} \pm \sqrt{\frac{A^2}{4} - \frac{2(p - (F + W)\ln|p + F + W| - C_1)}{K_+ A}}. \qquad (1)$$

Durch die Anfangswerte ist die Konstante C_1 als $-(F + W)\ln|F + W|$ festgelegt. Für maximales $y = p$ verschwindet der Radikand in der Gleichung, da dann $g = \frac{A}{2}$ ist, wie man aus Gl. (AZ) abliest. Fallendes p bewirkt ein Anwachsen des Radikanden, da dessen Ableitung nach $-p$ durch $\frac{2}{K_+ A}\left(1 - \frac{F + W}{p + F + W}\right) > 0$ für $p > 0$, $F > 0$ und $W = 0$, gegeben ist. Die beiden Teilfunktionen $g_{1,2}(p)$ sind daher dort streng monoton und ihre Umkehrfunktionen existieren. In dem sogenannten Phasendiagramm $p = \Phi(g)$ aufgetragen entsteht eine differenzierbare zu $g = \frac{A}{2}$ symmetrische Kurve, die dort ihr Maximum hat und für wachsende und fallende g gegen 0 fällt. Da p die zeitliche Änderung von g bezeichnet, bedeutet dieser Kurvenverlauf, daß g vom Anfangswert 0 beginnend bis $g = \frac{A}{2}$ zunehmend schnell wächst und nach Erreichen des Wertes $g = \frac{A}{2}$, symmetrisch dazu wieder langsamer wächst. Als Zeitfunktion geschrieben hat daher $g(x)$ sigmoide Form und insbesondere ist die zeitliche Ableitung $g'(x) = p(x) = y_+(x)$ wieder symmetrisch zu dem Zeitpunkt x_m^+, an dem $g(x_m^+) = \frac{A}{2}$ ist.

d) Die Zeitwerte der durch die Formel (P) definierten Phase sind Näherungen für die jeweils vorliegenden Bruchteile des Gesamtablaufes des Kommandos. Die Phasenwerte 0, $\frac{\pi}{2}$, π, $\frac{3}{2}\pi$ und 2π sind genau. Die Abweichungen zwischen diesen Festwerten lassen sich aufgrund der allgemeinen Form des Kommandos abschätzen.

e) Die Faktoren K_+ und K_- können Frequenzunterschiede zwischen den Teilkommandos bewirken. Z.B. führt ein größerer Faktor K_+ zu steilerem Kommandoanstieg am Kommandobeginn. Der Integralwert

$$\int_0^{x_m^+} y_+(\zeta)\,d\zeta = \frac{A}{2}$$

wird schneller erreicht und wegen seiner Symmetrie wird das Kommando auch früher beendet. Die Teilkommandomasse A bleibt unverändert, so daß auch die Umkehrpunkte der Bewegungen im wesentlichen ungeändert bleiben.

Pausen können durch Veränderung der Teilgeberfrequenzfaktoren im Verlauf der Kommandos erzeugt werden. Wird z.B. am Ende des »+«Teilkommandos zu einem Zeitpunkt x_0, zu dem schon $y_+(x_0) \leqq \rho$ und

$$\int_0^{x_0} y_+(\zeta)\,d\zeta \geqq A - \sigma$$

mit kleinen positiven Zahlen ρ, σ sind, K_+ klein, so ist für $x > x_0$ auch $y'_+(x)$ klein und $y_+(x)$ und $\int_0^x y_+(\zeta)\,d\zeta$ ändern sich von dann an wenig. Es tritt eine Verzögerung auf bis $y_+(x)$ verschwindet und das entgegengesetzte Kommando beginnt. Diese Pause ist ein Teil des Kommandos. Bei geschwächter Tätigkeit, d.h. kleiner Aktivität A und Frequenz F, ist die Pausenbildung erleichtert, weil dann in der Formel (AZ) K_+ der einzige Faktor mit großem Zahlenwert sein kann und daher große Änderungen ermöglicht und während der Pause nicht zu klein sein muß. Das Ausführungsglied reagiert hierbei im wesentlichen nach der Gleichung

$$R(S(x) - M) = E \cdot \int_0^{x_0} y_+(\zeta)\,d\zeta,$$

da wegen des für $x > x_0$ annähernd konstanten in der Gleichung rechts stehenden Muskelzuges die höheren Ableitungen in der Gl. (EF) vernachlässigt werden können. Das Ausführungsglied wird also nahe am Umkehrpunkt festgehalten.

f) Verschiedene, abwechselnd auftretende Umkehrpunkte der Bewegung sind durch die Formeln darzustellen, indem man für einzelne Kommandos oder auch nur Teilkommandos den Parameter A verändert. Wird z.B. bei Beginn eines »+«Teilkommandos A verkleinert, so bewirkt die kleinere Teilkommandomasse eine geringere Auslenkung. Der Umkehrpunkt liegt näher am Ausgangspunkte, als vorher. Bleibt A bis zum Ende des folgenden »−«Teilkommandos verkleinert, so erreicht das Ausführungsglied im Verlauf dieses Teilkommandos wieder den Ausgangspunkt. Eine solche Änderung des Parameters A entspricht der in BII1 genannten Forderung nach weiterer Unterteilbarkeit der Teilgeber, denn die sprunghafte Änderung der Teilkommandomasse kann darauf beruhen, daß nur ein Teil des Teilgebers seinen Beitrag leistet.

g) Mit der Teilkommandomasse A soll auch die Frequenz des Kommandos sinken. Nach der vorläufigen Gl. (5) in II1a ε würde z.B. für das »+«Teilkommando bei kleinerem Parameter A eine Teilkommandofunktion ${}_{(5)}y(x)$ mit kleinerer Frequenz und Amplitude entstehen, nämlich

$${}_{(5)}y_+(x)=\frac{A}{2}\sqrt{K_+\,A(F+W)}\,\sin(\sqrt{K_+\,A(F+W)}\,x).$$

Der zusätzliche Term $|y_+|$ in dem Faktor $(F+W+|y_+|)$ in der endgültigen Gl. (AZ) wirkt beschleunigend auf den Kommandoablauf, aber bei kleinerem $|y_+|$, wie es bei verringertem A entsteht, relativ weniger. An dem hier erörterten Zusammenhang ändert der zusätzliche Term daher nichts wesentliches.

3) Den in BII3 dargestellten Befunden über Auftreten, Stärke und Unterteilbarkeit von Wirkungen zwischen verschiedenen Teilapparaten entsprechen folgende Eigenschaften der Formeln.

α) Aus den Formeln (W) mit dem Zusatz $W_{wb}\equiv 0$ für $y_w\equiv 0$ bzw. $y_b\equiv 0$ und (SP) ist abzulesen, daß Wirkungen nur auftreten können, wenn der wirkende Kommandogeber KG_w Kommandos erzeugt, d.h. tätig ist. Für $y_w\equiv 0$ ist sowohl $W_{wb}\equiv 0$ als auch $SP_{wb}\equiv 0$. Wenn $y_w\not\equiv 0$ ist, können die Wirkungen von Null verschiedene Werte annehmen. Dann wirken sie und die momentane Wirkungsstärke ist durch den Zeitwert $W_{wb}(t)$ bzw. $SP_{wb}(t)$ gegeben.

β) Die Entfernung zwischen den Teilapparaten kommt in den Formeln nicht vor und kann daher keinen Einfluß haben.

γ) Die von einem Kommandogeber ausgehenden Wirkungen

$$W_{wb}(t)=(B_{wb}+C_{wb}\,|y_w(t)|)\sin(P_w(t)-P_b(t)-P_{wb}^0)$$

und

$$SP_{wb}(t) = U_{wb} \int_{I_w} y_w(\tau)\, d\tau$$

sind auch von den Kommandozeitwerten $y_w(t)$ abhängig. Ihre Stärke wächst mit der Amplitude $|y_w(t)|$, die wiederum mit der Teilkommandomasse A wächst. Es bleibt zu zeigen, daß von außen eintreffenden Wirkungen eine zur Amplitude gleichsinnige Beharrungstendenz entgegensteht.

δ) Zum Nachweis der Existenz einer Beharrungstendenz betrachte ich zwei Teilapparate TA_1 und TA_2, deren Kommandogeber KG_1 und KG_2 zwar gleiche Frequenzfaktoren $K_1^{+-} = K_2^{+-}$, $F_1 = F_2$ aber verschiedene Aktivitätsparameter $A_1 > A_2$ haben. Ihre Kommandos y_1 und y_2 mögen ohne Einschränkung gerade ein »+«Teilkommando begonnen haben. Von außen wirkende gleichgroße M-Wirkungen $W_{3,1}$ bzw. $W_{4,2}$ treffen bei gleichen Phasenzeitwerten $P_1 = P_2 > 0$ im betrachteten »+«Teilkommando jeweils auf Kommandowerte $y_1 > y_2$, sie wirken sich aber unterschiedlich aus, da der Frequenzfaktor $(F_1 + W_{3,1} + |y_1|)$ relativ zu seiner Gesamtgröße durch $W_{3,1}$ weniger verändert wird als $(F_2 + W_{4,2} + |y_2|)$ durch das gleichgroße $W_{4,2}$. Da der Faktor $\left(\frac{A}{2} - \int_0^x y(\zeta)\, d\zeta\right)$ erst später, wenn y veränderte Werte angenommen hat, auf die Einwirkung reagieren kann, ist die momentane Beeinflussung durch die M-Wirkung bei y_1 geringer. Um ein Kommando z.B. momentan so zu verlangsamen, daß der Kommandozeitwert $y(x_0 + \varepsilon)$ mit kleinem $\varepsilon > 0$ erst bei $(x_0 + 2\varepsilon)$ erreicht wird, ist für y_1 und y_2 die gleiche relative Änderung

$$\frac{(F + W + |y_v|)}{F + |y_v|} = \tfrac{1}{2}$$

nötig, $v = 1, 2$. Entsprechendes gilt während des »−«Teilkommandos. Das Kommando y_1 hat also gegenüber gleich großer M-Wirkung eine größere Beharrungstendenz. Auch bei gleichen von außen kommenden Superpositionswirkungen $SP_{w1}(t) = SP_{w2}(t)$ ist der Einfluß der Wirkung auf die Bewegungen des Ausführungsgliedes bei Teilapparat TA_1 geringer, da die Wirkung hier im Verhältnis zur im allgemeinen größeren Kommandoamplitude $|y_1(t)|$ kleiner ist als bei TA_2. Auch hier gibt es also eine zu A gleichsinnige Beharrungstendenz.

ε) Durch Wahl der Parameter C, B und U können die anteilmäßige Zusammensetzung und die Stärke der Gesamtwirkung festgelegt werden. Da in dem Faktor $(B + C|y_w|)$ der M-Wirkung der 2. Term eine Verstärkung bezeichnen soll, ist im allgemeinen C kleiner als B zu wählen. Insbesondere sollte C nicht größer als 0 sein, wenn $B = 0$ ist.

a) Die Formeln aus I können eine Superposition der in BII3a beschriebenen Art nachbilden. Sind $U_{wb} \neq 0$ und $y_w(t) \not\equiv 0$, so wird der entsprechende in der Formel (*SP*) aufgeführte Summand

$$0 \not\equiv SP_{wb}(t) = U_{wb} \int_{I_w} y_w(\tau)\, d\tau$$

$$= \begin{cases} U_{wb} \int_{I_w^+} y_{+w}(\tau)\, d\tau & \text{in } \langle 0_w, d_w) \\ U_{wb} \int_{I_w^-} y_{-w}(\tau)\, d\tau & \text{in } \langle d_w, e_w) \end{cases}$$

von dem Kommandoübertrager des beeinflußten Teilapparates TA_b unabhängig von anderen dort eingehenden Größen gebildet. Das lineare Schwingsystem EF_b reagiert auf diesen Summanden im wesentlichen mit additiv überlagerter Bewegung. Auch Pausen des wirkenden Kommandos $y_w(t)$, wie sie in 2e erklärt sind, können superponiert werden. Sie führen zu fast konstantem $SP_{wb}(t)$ und verursachen daher während ihrer Dauer auch sonstigen Bewegungen überlagerte konstante Auslenkung des beeinflußten Effektors EF_b.

$SP_{wb}(t)$ kann offenbar auch Einfluß nehmen, wenn der Kommandogeber des beeinflußten Teilapparates ruht.

b) Die in BII3b beschriebenen, allgemeinen Eigenschaften der M-Wirkung wurden bei der Konstruktion der Formeln (AZ), (P) und (W) in II berücksichtigt. Es ist nun zu untersuchen, ob im Zusammenwirken aller Formeln mit geeigneten Parametern diese Eigenschaften auch wieder dargestellt werden.

α) Die Wirkung wird in der zugehörigen Verrechnungsinstanz des beeinflußten Kommandogebers festgelegt und wirkt auf das autorhythmische Zentrum. Sie kann nur Einfluß nehmen, wenn $A_b \neq 0$ ist, da sonst in der Formel (AZ) trotz eingehender Wirkung $y_b'(t) \equiv 0$ und damit $y_b(t) \equiv 0$ bleiben. Sie beeinflußt gegebenenfalls den Betrag von $y_b'(t)$, so daß unabhängig vom Vorzeichen von $y_b'(t)$ positive M-Wirkung beschleunigend und negative verzögernd wirkt, jedenfalls solange der Frequenzfaktor $(F + W + |y|)$ nicht negativ wird. In Ausnahmefällen tritt auch dies ein, ohne zu Komplikationen zu führen. Die Wirkung führt zu einer Veränderung der allgemeinen Form des Kommandos. Es besteht allerdings eine Tendenz trotz eingreifender Wirkung die Teilkommandomasse beizubehalten:

– M-Wirkung $W(t)$, die im Verlauf eines Teilkommandos konstant oder symmetrisch zur Mitte des beeinflußten Kommandos ist, verändert die Teilkommandomasse A nicht, da in diesen Fällen z.B. in der Mitte des

»+«Teilkommandos wie üblich

$$\int_0^{x_m^*} y_+^*(\zeta)\, d\zeta = \frac{A}{2}$$

ist und die 2. Hälfte des beeinflußten Teilkommandos y_+^* symmetrisch zur 1. Hälfte abläuft.

– M-Wirkung, die z.B. in der 1. Hälfte des »+«Teilkommandos $y_+^*(t)$ insgesamt beschleunigt, bewirkt daß der Extremwert $y_+^*(x_m^*)$ eine größere Amplitude hat, wenn

$$\int_0^{x_m^*} y_+^*(\zeta)\, d\zeta = \frac{A}{2}$$

ist. Die größeren Amplituden von $y_+^*(t)$ beschleunigen dann im folgenden Teil des Teilkommandos über den Faktor $(F+W(t)+|y_+^*(t)|)$ die Kommandoproduktion, selbst wenn dort keine Wirkung mehr einwirkt. Entsprechendes gilt, wenn die erste Teilkommandohälfte verlangsamt wird, die maximale Amplitude daher geringer wird und damit auch der Rest des Kommandos verlangsamt wird. Dieser Korrekturmechanismus wirkt den Abweichungen von der Teilkommandomasse A entgegen. Man kann sich leicht entsprechendes für andere Formen der M-Wirkung überlegen.

β) Die Stärke der M-Wirkung in Abhängigkeit von der momentanen Phasendifferenz, den Kommandoamplituden und der angestrebten Phasendifferenz P_{wb}^0 und das Ziel der Beeinflussung sind nun zu erörtern. Der Ansatz

$$W_{wb}(t) = (B_{wb} + C_{wb}\,|y_w(t)|) \sin(P_w(t) - P_b(t) - P_{wb}^0)$$

zeigt zunächst, daß die Phasenabhängigkeit richtig erfüllt wird. Ist die angestrebte Phasendifferenz $P_w(t) - P_b(t) = P_{wb}^0$ erreicht, so verschwindet die Wirkung, weil $\sin 0 = 0$ ist. Ist $y_w(t)$ dieser Phase voraus, so hat $P_w(t)$ einen größeren Wert, wenn der Phasensprung von 2π auf 0 vermieden und die Phase über 2π hinaus gemessen wird. Bei Abweichung bis zur Größe π ist $\sin(P_w(t) - P_b(t) - P_{wb}^0) \geqq 0$ und hat bei $\pi/2$ sein Maximum. Die Wirkung wirkt beschleunigend. Bei Abweichungen in die Gegenrichtung oder über π hinaus wird der Sinus negativ und die Wirkung hemmend mit dem Maximum bei $-\frac{\pi}{2}$ bzw. $\frac{3}{2}\pi$. Der Stärkefaktor B_{wb} ist veränderlich, er sollte allerdings normalerweise größer sein als der Verstärkungsterm $C_{wb}\,|y_w(t)|$, damit die Lage der Wirkungsextrema nicht zu weit von den genannten, durch den Sinus festgelegten abweichen. Weiterhin ist bei der Parameterwahl zu berücksichtigen, daß der Frequenzfaktor $(F_b + W_{wb}(t) + |y_b(t)|)$ nur ausnahmsweise negativ werden sollte. Die Schwächung des Wirkungseinflusses durch die Kommandoamplitude des beeinflußten

Kommandos ist aus dem Frequenzfaktor $(F+W(t)+|y_b(t)|)$ abzulesen, der durch $W(t)$ relativ zu seiner Gesamtgröße weniger verändert wird je größer $|y_b(t)|$ ist. Außerdem wird zur maximalen Amplitude $y_b^*(x_m^*)$ hin der Faktor

$$\left(\frac{A}{2}-\int_0^x y_b^*(\zeta)\,d\zeta\right)$$

betragsmäßig klein, wodurch der Wirkungseinfluß zusätzlich verringert wird. Der Einfluß ist hiernach bei gleichen Phasendifferenzwerten maximal an den Teilkommandoenden und verringert sich zum Maximum des beeinflußten Kommandos hin. Nun läßt sich das Ziel der M-Wirkung abschätzen. Sie wirkt andauernd allen auftretenden Abweichungen von der angestrebten Phasendifferenz entgegen, ihre Stärke schwankt dabei in Abhängigkeit von den Kommandoamplituden und womöglich auch von den Phasenwachstumsgeschwindigkeiten im Kommandoverlauf. Die Teilkommandomasse und damit die Schwingweite der Bewegung des Ausführungsgliedes EF_b bleiben im wesentlichen unverändert. Die M-Wirkung beeinflußt also vor allem die Frequenz.

b1) α) Es ist sofort einzusehen, warum die Ergebnisfrequenz zweier durch M-Wirkung erfolgreich aufeinander wirkender Kommandogeber zwischen den Ausgangsfrequenzen liegt. Durchlaufen die beiden Kommandos irgendwann die von beiden angestrebte Phasendifferenz, so wirken weiterhin beide Wirkungen einer Abweichung entgegen. Sind die Wirkungen stark genug, so wird das schnellere Kommando verlangsamt und das langsamere beschleunigt. Die Stärke der Wirkung bzw. die Beharrungstendenz verursachen bei beiden eine bestimmte der Behauptung entsprechende Abweichung von der Ausgangsfrequenz.

β) Die Systemeigenschaft, nach der bei M-Wirkung verschiedener Kommandogeber aufeinander gemeinsame Kommandoperioden bevorzugt auftreten, wird wie die folgenden Überlegungen zeigen von den Formeln erfüllt.

β1) Wirken m verschiedene Kommandogeber durch M-Wirkung aufeinander, so liegt bei konstanten Parametern gemeinsame Kommandoperiodik mit der Periode p genau dann vor, wenn es mindestens ein Zeitpunktepaar $(t, t+p)$ gibt mit

$$y_\nu(t)=y_\nu(t+p), \qquad P_\nu(t)=P_\nu(t+p), \qquad \nu=1,\ldots,m.$$

Durch die Kommandozeitwerte und die Phasenzeitwerte sind nämlich in den Gleichungen der Kommandogeber alle zeitlich veränderlichen Größen eindeutig bestimmt und führen wegen der Eindeutigkeit der Lösungen zu gleichen Ergebnissen; es liegt also Periodik vor und die Bedingungen gelten für jedes t.

$\beta 2)$ Im einfachsten Fall, wenn ein selbst unbeeinflußter Kommandogeber durch M-Wirkung mit angestrebter Phasendifferenz $P_{wb}^0 = 0$ auf einen anderen wirkt, ohne dauernd Frequenzgleichheit zu erreichen, fallen maximale und minimale Wirkungen bevorzugt auf Nulldurchgänge oder Extremwerte der Kommandozeitfunktionen.

Dies zeigt die folgende Erörterung:

Für die folgende Fallunterscheidung führe ich einige Bezeichnungen ein. In dem betrachteten Fall treten Überholmomente t_v auf, mit $P_w(t_v) - P_b(t_v) = P_{wb}^0 = 0$, weil trotz der Wirkungen nicht dauernd Frequenzgleichheit erreicht wird. Von dann an wächst $|P_w(t) - P_b(t)|$ jeweils bis π an, weil die Phase des frequenteren Kommandos schneller wächst. In diesem Zeitraum, er heiße *Anziehungszeitspanne*, verlangsamt die Wirkung gegebenenfalls ein schnelleres Kommando bzw. beschleunigt ein langsameres. Anschließend durchläuft der Phasendifferenzbetrag Werte von π bis 2π und die Wirkung ändert ihr Vorzeichen, sie beschleunigt dann das schnellere bzw. verlangsamt das langsamere Kommando. Dieser Zeitraum heiße *Abstoßungszeitspanne*. Die Zeitpunkte in beiden Zeiträumen, an denen der Phasendifferenzbetrag $\pi/2$ bzw. $\frac{3}{2}\pi$ ist, nenne ich *Abreißpunkte*.

Fallunterscheidung

a) Anziehungszeitspanne

a(1) Abreißpunkt

In diesem Zeitraum wächst mit zunehmendem Phasendifferenzbetrag von 0 bis $\pi/2$ der Sinusfaktor in der M-Wirkungsformel. Die Stärke der Wirkung verändert sich mit der Verstärkung durch $|y_w|$ bzw. der Schwächung durch $|y_b|$ und schließlich auch mit dem unterschiedlich schnellen Wachstum der Phasendifferenz. Diese verändert sich am schnellsten, wenn die Phase des frequenteren Kommandos bei großen Kommandoamplituden beschleunigt wächst und wenn gleichzeitig das langsamere Kommando wegen kleiner Amplitude wenig wachsende Phasenzeitwerte hat. Die Differenz ändert sich bei entgegengesetzten Verhältnissen am wenigsten.

Hält nun die Wirkung wenigstens zeitweise die Phasendifferenz konstant, so wird höchstens zu Zeiten geschwächter Wirkung oder großer Phasendifferenzänderung der Abreißpunkt erreicht. Bevor er aber tatsächlich erreicht wird, kann er zu solchen Zeiten oftmals beinahe aufgetreten sein. Dann lagen jedesmal Nulldurchgang bzw. Extremum der beteiligten Kommandos zeitlich nahe beieinander. Falls y_b schneller ist, kommt vor allem der Zeitpunkt in Frage, an dem $|y_b|$ maximal ist, da dann gleichzeitig die Phasendifferenzänderung am größten ist.

Falls y_b langsamer ist, sind es die Zeitpunkte mit maximalem $|y_b|$, zu denen die Wirkung am schwächsten ist, und mit $|y_b|=0$, wo das Phasendifferenzwachstum am größten ist. In den Zeiten dazwischen sind beide Effekte mittelmäßig und heben sich zu etwa gleichmäßiger Gesamtwirkung auf.

a(2) Ende

Zu Zeiten, an denen sich die Einflüsse der beiden Kommandoamplituden gegensinnig ändern, z.B. wenn $|y_b|$ fällt und auch $|y_w|$ fällt, oder beide wachsen und die Phasendifferenz sich nicht extrem ändert, hat eine kleine Restwirkung die größte Effektivität, weil am wenigsten Wirkungsschwankungen auftreten. Gelingt am Anfang eines solchen Zeitraums die Mitnahme des beeinflußten Kommandos noch, so kann die gleichbleibende Wirkung diesen Zustand weiter aufrechterhalten, bis zusätzliche Belastungen auftreten. Dies geschieht vor allem bei den Extrema von y_b, wo die Wirkung bei beliebiger Größe nichts bewirkt.

Nulldurchgänge werden nahezu gleichzeitig erreicht, wenn die Restwirkung in einem Intervall davor noch Erfolg hatte aber schon klein war, weil hier keine Belastungen auftreten und kleiner Wirkung ein Phasendifferenzbetrag kurz vor π entspricht.

b: Abstoßungszeitspanne

Da hier der Frequenzunterschied durch die Wirkung noch vergrößert wird, dauert diese Zeitspanne kürzer als die Anziehungszeitspanne.

b(1) Abreißpunkt

Die Wirkung vergrößert hier den Phasendifferenzbetrag und damit bis zum Wert $\frac{3}{2}\pi$ zusätzlich die Wirkungsstärke. Ist also irgendwann die Möglichkeit gegeben, die Wirkung ungehindert, positiv rückgekoppelt wachsen zu lassen, so werden in kurzer Zeit viele Phasendifferenzwerte durchlaufen und der Abreißpunkt wird schnell erreicht. Ungedämpftes Wirkungswachstum ist vor allem bei fallendem $|y_b|$ möglich.

Sei zunächst y_b frequenter als y_w.

Wächst $|y_b|$ bei Intervallbeginn, so wird von dann an der Wirkungszuwachs gedämpft. Aber auch ohne Wirkung durchläuft die Phasendifferenz wegen der schnell wachsenden Phase P_b viele Werte. Jedenfalls wird das Maximum von $|y_b|$ eher erreicht als das von $|y_w|$. Von dann an wird die Wirkung mit allen Möglichkeiten verstärkt, so daß die bis $\frac{3}{2}\pi$ noch fehlenden Phasendifferenzwerte sehr schnell durchlaufen werden. Der Nulldurchgang von y_b und das Erreichen von $\Delta P_{wb}=\frac{3}{2}\pi$ liegen zeitlich dicht beieinander.

Beginnt diese Zeitspanne mit fallendem $|y_b|$, so fällt auch $|y_w|$ und die Wirkung wächst gedämpft aber positiv rückgekoppelt bis zum nächsten

Extremum von $|y_b|$. Da der Nulldurchgang von y_b vor dem von y_w erfolgt und danach viele Phasendifferenzwerte schnell durchlaufen werden, liegen maximales $|y_b|$ und das Erreichen der Phasendifferenz $\Delta P_{wb}=\frac{3}{2}\pi$ zeitlich dicht beieinander.

Sei nun y_b langsamer als y_w.

Wächst $|y_b|$, so wächst auch $|y_w|$ bei Intervallbeginn. Ist $|y_b|$ noch nahe 0 so wird $|y_b|$ stark verzögert und bleibt klein weil sich die Wirkung mit wachsendem $|y_w|$ und wachsendem Phasendifferenzbetrag stark vergrößert. Die maximale Wirkung bei $|\Delta P_{wb}|=\frac{3}{2}\pi$ und das Maximum von $|y_w|$ fallen dann zeitlich dicht zusammen und y_b bleibt nahe Null.

Ist $|y_b|$ bei Intervallbeginn schon größer, so wirkt sich die Wirkungssteigerung weniger aus. Erfolgt aber noch Wirkungssteigerung bis zum folgenden Extremum von $|y_b|$ hin aufgrund des wachsenden Phasendifferenzbetrages, so wird das Erreichen des Extremums hinausgezögert, so daß das Extremum und der Abreißpunkt zeitlich aufeinander zu verschoben werden.

Fällt andererseits $|y_b|$ am Intervallanfang, so wird es positiv rückgekoppelt zunehmend gebremst. Der Nulldurchgang verschiebt sich, weil die wachsende Wirkung sich in seiner Nähe stark auswirkt. Das geschieht insbesondere wenn nach seinem Nulldurchgang $|y_w|$ wächst und der Phasendifferenzbetrag $\frac{3}{2}\pi$ noch nicht erreicht ist, vor allem aber solange $|y_b|$ klein wird. Die Wahrscheinlichkeit, daß der Abreißpunkt und der Nulldurchgang von y_b nahe beieinander liegen, ist erhöht.

b(2) Ende

Am Ende der Abstoßungszeitspanne ist die Wirkung wieder gering und wechselt nach Erreichen der angestrebten Phasendifferenz ihr Vorzeichen. Kleine Wirkung ist, wie für das Ende der Anziehungszeitspanne diskutiert, zwischen den Extrema der beteiligten Kommandozeitfunktionen am effektivsten. Wird die angestrebte Phasendifferenz $\Delta P_{wb}=P^0_{wb}=0$ erreicht, wenn $|y_b|$ fällt, so kann geringe Wirkung eine kleine Phasendifferenz aufrechterhalten und die Nulldurchgänge der Kommandos werden fast gleichzeitig erreicht. Wächst $|y_b|$ im Überholmoment, so wird der Zustand kleiner Phasendifferenz auf die Extrema der Kommandos hin verschoben.

β3) Das Ergebnis aus β2 läßt sich verallgemeinern zu der Aussage: Infolge von M-Wirkung verschiedener Kommandogeber aufeinander werden bestimmte Phasen- und Kommandozeitwerte bevorzugt gleichzeitig erreicht.

Zunächst erkennt man, daß es bei Wirkung eines Kommandogebers auf einen anderen auch bei angestrebten Phasendifferenzen $P^0_{wb}\neq 0$ geschieht. Für $P^0_{wb}=\pm\pi$ z.B. gelten die Überlegungen aus β2 unverändert, da dort nur die Beträge der Kommandos, nicht aber die Vorzeichen berücksichtigt wurden. Bei den dazwischenliegenden angestrebten Phasendifferenzen fallen jedenfalls auch maximale Wirkungen auf Extrema oder Nulldurchgänge des beeinflußten Kommandos, da die Aussagen aus $\beta 2$ über die Abreißpunkte sich auf diese Fälle übertragen lassen. Dann ist aber in der Wirkungsformel (W) das Argument des Sinus $(\Delta P_{wb} - P_{wb}^0) = \frac{\pi}{2}$ oder $\frac{3}{2}\pi$ und daher ist der zugehörige Phasenzeitwert $P_w(t)$ und damit der gleichzeitige Kommandozeitwert $y_w(t)$ des wirkenden Kommandogebers ebenfalls festgelegt. Bei jedem Überholungsvorgang werden dieselben Phasen- und Kommandozeitwerte beider Kommandos mit erhöhter Wahrscheinlichkeit wieder gleichzeitig erreicht.

Falls zwei Kommandogeber sich durch M-Wirkung gegenseitig beeinflussen, ändert sich an dem hier Behandelten nichts wesentliches, es ist sogar mit insgesamt erfolgreicherer Wirkung zu rechnen, da die beiden Wirkungen auf dasselbe Ziel gerichtet sind und sich daher gegenseitig unterstützen.

Die Verallgemeinerung der Überlegungen auf mehr als 2 etwa m aufeinander wirkende Kommandogeber ist für ausschließlich angestrebte $P_{\nu\mu}^0 = 0$, $\nu, \mu = 1, \ldots, m$, leicht möglich. Haben dann nämlich 2 Kommandos gerade einen Überholmoment, also gleiche Phasen, so wirken alle anderen Kommandogeber auf beide gleichsinnig ein, da die Vorzeichen aller Wirkungen durch die Phasendifferenzen festgelegt sind. Die beiden Kommandos können sich, falls ihre gegenseitigen Wirkungen stark genug sind, relativ ungestört in gleicher Phase oder kleiner Phasendifferenz festhalten. Ihre Wirkungen auf die anderen Kommandogeber überlagern sich dann gleichsinnig. Haben diese sich unterstützenden Wirkungen auf einen dritten Kommandogeber Erfolg, so wird auch dieser in gleicher Phase festgehalten und seine Wirkung auf die beiden ersten Kommandogeber wird klein, während seine Wirkungen auf weitere Kommandogeber sich den beiden anderen überlagern. Kommandos, die nicht oder nicht weiter mitgezogen werden, verschieben ihre Abreißpunkte, Nulldurchgänge und Extrema nach den unter $\beta 2$ aufgeführten Prinzipien.

Bei von 0 und $\pm\pi$ verschiedenen angestrebten Phasendifferenzen, die auch untereinander unterschiedlich sein können, werden die Verhältnisse verwickelter. Wenn aber zwei Kommandogeber KG_{w_1} und KG_{w_2} ihre Kommandos in ihrer angestrebten Phasendifferenz $P_{w_1 w_2}^0$ festhalten, so unterscheiden sich die Argumente des Sinus in ihren Wirkungsformeln (W) auf einen weiteren Kommandogeber KG_b

$$(P_{w_1} - P_b - P_{w_1 b}^0) \quad \text{und} \quad (P_{w_2} - P_b - P_{w_2 b}^0)$$
$$= (P_{w_1} - P_b - P_{w_1 w_2}^0 - P_{w_2 b}^0)$$

nur um eine Konstante. Beide Größen verändern sich also nur in Abhängigkeit von $P_{w_1} - P_b$.

Im allgemeinen Fall, in dem die Konstante von 0 und $\pm\pi$ verschieden ist, gibt es daher Bereiche, wo die Wirkungen gleiches Vorzeichen haben und sich ergänzen, und auch Bereiche, wo sie verschiedene Vorzeichen haben und sich schwächen. Zu Zeiten, in denen sich die Wirkungen ergänzen, verschieben sich die Abreißpunkte von y_b wie üblich auf Extrema oder Nulldurchgänge. Solange aber y_b festgehalten werden kann, gilt für seine Wirkungen auf weitere Kommandogeber entsprechendes. Es entstehen also auch in diesem Fall Bereiche, wo sich die Wirkungen verstärken und das Wachstum der Phasen weniger schwankt. Diese Bereiche werden bevorzugt bei bestimmten Amplitudenwerten der beteiligten Kommandos beendet. Auch in diesem allgemeinen Fall gilt daher die verallgemeinerte Aussage.

β4) Die Aussagen von β3 und β1 sichern nun das bevorzugte Auftreten gemeinsamer Kommandoperioden, wie es in β behauptet wurde. Werden nämlich zweimal nacheinander dieselben Phasen- und Kommandozeitwerte aller beteiligten Kommandos tatsächlich erreicht, wofür nach β3 eine erhöhte Wahrscheinlichkeit besteht, dann liegt nach β1 Kommandoperiodik vor.

γ) Beim Durchlaufen einer gemeinsamen Kommandoperiode erzeugt jeder Kommandogeber eine bestimmte Anzahl ganzer, möglicherweise abgeänderter Kommandos, da er am Ende denselben Phasen- und Kommandozeitwert erreicht wie am Anfang. Die Frequenzverhältnisse sind danach notwendigerweise rational. Kleine Anzahlen von Kommandos innerhalb der gemeinsamen Kommandoperioden entstehen bevorzugt, da wegen der großen Zahl der Anknüpfungspunkte schon innerhalb eines Überholvorganges von nur 2 Kommandogebern kurze Perioden zu erwarten sind.

δ) Die Stabilität der Kommandoperioden beruht darauf, daß die Systemeigenschaft, gemeinsame Kommandoperioden zu erzeugen, wie in β deutlich wurde, vor allem durch die amplitudenabhängige innere Dynamik der Kommandos und der Wirkungen entsteht. Diese bleibt aber bei Parameteränderung weitgehend erhalten. Werden irgendwelche Parameter über die entsprechenden Schranken hinaus verändert, so wird nach den gleichen Prinzipien eine neue Kommandoperiodik erzeugt und zwar um so schneller, je effektiver die auftretenden Wirkungen sind.

ε) Der sprunghafte Übergang zur Frequenzgleichheit bei Wirkung eines unbeeinflußten Kommandogebers auf einen anderen findet statt, wenn die Wirkung so stark wird, daß der Abreißpunkt der Anziehungszeitspanne nicht mehr erreicht wird.

b2) α) Die Zusammenfassung der Teilapparate innerhalb der Flosse geschieht durch gleiche Parameter für alle zugehörigen Teilapparate, soweit sie nicht die gegenseitigen Wirkungen betreffen. Mittels M-Wirkung werden die der Reihe nach gleichen, festen Phasendifferenzen zwischen benachbarten Teilapparaten eingehalten. Falls alle Teilapparate gegenseitig aufeinander wirken sind die jeweils angestrebten Phasendifferenzen entsprechend festzulegen. Deren Vorzeichen bestimmt die Laufrichtung der Wellen auf der Flosse. Es kann für die Schwanzflosse ausnahmsweise geändert werden. Dann kehrt sich die Laufrichtung um.

β) Die Änderung der Phasenabstände bei von außerhalb der Flosse eintreffender M-Wirkung nach BIIb2 Absatz 2 zeigen die Formeln mit geeigneten Parametern ebenfalls.

β1) Es wirke zunächst eine durch ein einziges Kommando von außen eintreffende M-Wirkung gleichzeitig auf alle Kommandogeber der Flosse. Strebt die Wirkung zu jedem Teilapparat der Flosse eine jeweils um die zwischen benachbarten Flossenstrahlen angestrebte Phasendifferenz P_F^0 versetzte Phasendifferenz an, so hat die Wirkung auf den $\rho+1$-ten Teilapparat der Flosse die Form

$$W_{w\rho} = (B_{w\rho} + C_{w\rho}\,|y_w|)\sin(\Delta P_{w\rho} - (P_{w0}^0 + \rho\, P_F^0))$$

$\rho = 0, 1, 2, \ldots, r$; $r+1$ bedeutet die Anzahl der Teilapparate in der Flosse. Dabei ist $\Delta P_{w\rho} = P_w - P_\rho = P_w - (P_0 - \rho\, P_F^0)$ und P_0 bezeichnet die Phase des 1. Teilapparates in der Flosse.

Im Argument des Sinus in der Formel für $W_{w\rho}$ hebt sich für alle ρ der Summand $\rho\, P_F^0$ heraus, es bleibt jeweils $P_w - P_0 - P_{w0}^0$ stehen. Daher wirkt auf jeden Teilapparat der Flosse in jedem Moment etwa die gleiche M-Wirkung. Unterschiede ergeben sich nur durch das hier nicht berücksichtigte nichtlineare Wachstum der Phase und durch die von Teilapparat zu Teilapparat der Flosse momentan unterschiedliche Beeinflußbarkeit. In der Nähe der Teilkommandoenden z.B. wirkt, wie gezeigt, gleiche eintreffende Wirkung stärker. Bei fest durch M-Wirkung zwischen den zugehörigen Teilapparaten zusammengeschlossenen Flossen werden die Unterschiede in der Effektivwirkung von außen mehr oder weniger ausgeschaltet. Dann bleibt die Phasendifferenz von Flossenstrahl zu Flossenstrahl konstant, obwohl sich die Bewegungsgeschwindigkeit aufgrund der M-Wirkung verändert. Dies entspricht den Verhältnissen bei einer Flosse mit anatomisch extrem eng beieinanderliegenden Teilapparaten.

β2) Hier ist zu zeigen, daß auch das andere Extrem auftreten kann, daß nämlich die Zeitdauern bis die nacheinanderfolgenden Flossenstrahlen entsprechende Umkehrpunkte erreichen trotz M-Wirkung gleich bleiben können. Die Wellen auf der Flosse verlaufen in Richtung abnehmender Phasenzeitwerte der Teilapparate. Hat z.B. der 1. Teilapparat gerade ein Kommando beendet, so befindet sich der zugehörige Flossenstrahl am Umkehrpunkt. Der 2. Strahl hat diesen Umkehrpunkt noch nicht erreicht. Einen Moment später hat der 1. Flossenstrahl die neue Bewegungsphase begonnen, der 2. hat den Umkehrpunkt erreicht und nun befindet sich der 3. Flossenstrahl in der Position relativ zum 2., die vorher der 2. zum 1. eingenommen hatte. Die Welle ist also um einen Flossenstrahlabstand fortgeschritten.

Es wirke nun von einem Kommandogeber außerhalb der Flosse, der in langsamerer Frequenz tätig ist, verlangsamende Wirkung auf die Teilapparate der Flosse, die zu allen Teilapparaten dieselbe Phasendifferenz $P_{wF}^0 > 0$ anstrebt, und nicht durch die Amplitude $|y_w|$ verstärkt ist. Innerhalb der Flosse liege keine oder nur geringe Wirkung vor. Das Argument des Sinus in der Wirkung von außerhalb der Flosse auf den ρ-ten ($\rho \geqq 1$)

Teilapparat der Flosse lautet dann zur Zeit t_0

$$P_w(t_0) - P_{\rho-1}(t_0) - P^0_{wF} = P_w(t_0) - (P_0(t_0) - (\rho-1)\,P^0_F) - P^0_{wF}$$
$$= P_w(t_0) - P_0(t_0) - P^0_{wF} + (\rho-1)\,P^0_F.$$

Zur gleichen Zeit ist das entsprechende Argument für den $\rho+1$-ten Teilapparat um den Summanden $P^0_F > 0$ größer. Der zeitlich veränderliche Teil $P_w(t_0) - P_0(t_0)$ dieses Argumentes ist negativ, weil $P_0(t)$ wegen der größeren Frequenz der Flosse schneller wächst als P_w. Nach einer Zeit τ fällt $P_w(t_0) - P_0(t)$ um P^0_F. Zur Zeit $t_0 + \tau$ wirkt daher auf den $\rho+1$-ten Teilapparat dieselbe Wirkung, die zur Zeit t_0 auf den ρ-ten wirkte.

Führt man nun von Teilapparat zu Teilapparat eine zusätzliche angestrebte Phasendifferenz $\bar{P}^0_{wF}$ ein, so kann man erreichen, daß $P_w(t) - P_0(t)$ gerade in der Zeit $\bar{\tau}$ um $P^0_F + \bar{P}^0_{wF}$ kleiner wird, in der $P_0(t)$ allein um P^0_F wächst. Dann trifft die gleiche Wirkung die nacheinanderfolgenden Teilapparate wenn deren Flossenstrahlen jeweils die gleiche Haltung einnehmen. Die Zeitdauern bis zum Erreichen entsprechender Umkehrpunkte bleiben dann im Mittel gleich. Falls der wirkende Kommandogeber größere Frequenz hat, wächst $P_w(t) - P_0(t) > 0$. Dann muß das entsprechend gebildete $\bar{P}^0_{wF}$ entgegengesetztes Vorzeichen haben.

Jedenfalls ist bei gegebener Frequenz der Flosse $\bar{\tau}$ nur durch P^0_F bestimmt. Die Verzögerung wächst daher mit der Anzahl der Wellen auf der Flosse und daher mit dem anatomischen Abstand der Flossenstrahlen.

Entsprechend kann man auch angestrebte Phasendifferenzen finden, so daß in Gegenrichtung der Laufrichtung der Wellen auf der Flosse die Strahlen nacheinander von gleicher Wirkung getroffen werden.

$\beta 3$) Verzichtet man in den in $\beta 1$ und $\beta 2$ behandelten Fällen nicht auf die Verstärkung durch $|y_w(t)|$ bzw. auf die Wirkung innerhalb der Flosse und läßt man auch andere angestrebte Phasendifferenzen zu, so liegen die Ergebnisse zwischen den dort besprochenen Extrema. Die Verallgemeinerung auf Fälle, in denen ganze Flossen auf eine betrachtete Flosse wirken, ist mit speziellen angestrebten Phasendifferenzen für jedes Teilapparatepaar leicht durchzuführen, weil die Kommandos der wirkenden Flosse bis auf Phasenverschiebungen gleich sind.

γ) Die Forderung nach dem Zusammenhang zwischen M-Wirkung und Superposition ganzer Flossen aufeinander ist in verschiedener Weise durch Parameterwahl erfüllbar. Hier sei nur eine von ERICH VON HOLST erwogene Möglichkeit angeführt.

Zwischen den Teilapparaten aus verschiedenen Flossen wirke nur M-Wirkung, während innerhalb der Flossen M-Wirkung und auch Superposition auftrete. Innerhalb der Flossen wirken benachbarte Teilapparate stärker aufeinander als entferntere. Es wird nun angenommen, bei der Wirkung einer Flosse auf eine andere erreichen einzelne, zufällig über die beteiligten Flossen verteilte Paare von Teilapparaten Frequenzgleichheit unter Einhaltung der für sie richtigen Phasendifferenzen. Innerhalb ihrer Flossen wirken diese Teilapparate durch M-Wirkung mit wenig von 0 verschiedener angestrebter Phasendifferenz und durch Superposition auf ihre Nachbarn, die entsprechend zurückwirken. Werden die Nachbarn durch die M-Wirkung nicht mitgezogen, so liegt reine Superposition vor. Die Verstärkung ist maximal wenn der abgesprengte Teilapparat und seine Nachbarn gleichzeitig Kommandos mit gleichem Vorzeichen d.h. ähnlicher Frequenz haben. Je mehr aber die Nachbarn durch M-Wirkung sowohl von der anderen Flosse als auch von dem in der Fremdfrequenz arbeitenden Nachbarteilapparat in der Nähe von dessen Phase festgehalten werden, desto mehr verstärkt die Superposition ihre Aktion.

4) Der Abschnitt B II 4 enthält bezüglich des Ortsbewegungsapparates der Fische nur die Sonderleistung, daß vor Einsetzen der Eigenaktivität die Brustflossen gleichsinnig auf Reize reagieren. Dies ist nach Wahl gleicher Parameter von den Formeln sofort zu erfüllen.

Die Allgemeingültigkeitsaussage führte zu der Modellrechnung »Pferdegangarten« im Kapitel D II, in der die letztgenannte Parameterauswahlregel verwendet wird. Das Auftreten relativer Koordination bei Arthropoden haben VON HOLST und andere verschiedentlich gezeigt.

IV. Parameterabschätzung

Die Zeit werde in Sekunden gemessen. Dann eignen sich zur Veranschaulichung der Formelleistungen durch Modellrechnungen Parameter vom Betrage 1 und dem ihrer Bedeutung entsprechenden Vorzeichen. Nur die Parameter $P^0_{\nu\mu}$, M, G und ST sollte man anfangs besser gleich 0 setzen. Das Formelsystem liefert sinnvolle Ergebnisse, wenn man die Parameter unter Berücksichtigung ihrer Definitionsrelationen beliebig stückweise stetig verändert.

Solange alle in dem Formelsystem für den Ortsbewegungsapparat erzeugten Kommandofunktionen stetig, beschränkt und nicht dauernd konstant und von 0 verschieden sind, liefern Kommandoübertrager und Ausführungsglieder beschränkte Werte, wenn für ihre Parameter und Anfangswerte feste Zahlen mit dem in C I geforderten Vorzeichen eingesetzt sind. Ändert man diese Parameter unter Erhaltung der Vorzeichenregeln im Verlauf der Zeit stetig, so bleiben alle Lösungen beschränkt.

Wegen der stückweisen Zusammensetzung jeder Kommandofunktion $y(t)$ aus Lösungen von Anfangswertaufgaben der Form (AZ), reicht es, zu zeigen, daß für ein beliebiges Teilkommando ein Zeitpunkt existiert, an dem es beendet wird. Es zeigt sich, daß dieses abgesehen von unwesentlichen Ausnahmen allgemein gilt.

Da sich die beiden möglichen Differential-Integralgleichungen, die das Teilkommando definieren können, nur durch das Vorzeichen der Lösung unterscheiden, genügt es, nur eine von ihnen zu untersuchen, etwa

$$y'(x) = KA(F + W + |y(x)|)\left(\frac{A}{2} - \int_0^x y(\zeta)\,d\zeta\right) \quad \text{in } <0, d),$$

$$y(0) = \lim_{x \to d} y(x) = 0, \qquad y(x) \neq 0 \quad \text{für } x \in (0, d)$$

mit

$$K > 0, \qquad F > 0, \qquad A \geqq 0.$$

Bei der Begründung für die Existenz des Punktes d der genannten Art sind einige Fälle zu unterscheiden.

Fall 1) Sei $A=0$, dann ist $y\equiv 0$ und d hat keinen Sinn. Im folgenden sei $A>0$.

Fall 2) Sei $W\geqq 0$ oder $W<0$ aber $(F+W+|y|)>0$ für alle $W(x)$ und $y(x)$. Dann existiert d, weil $y(x)$ von $y(0)=0$ beginnend stetig streng monoton wächst bis

$$\int_0^{x_m} y(\zeta)\,d\zeta=\frac{A}{2}$$

erreicht ist und von dort an, also für $x>x_m$, stetig und monoton fällt.

Fall 3) Sei $W<0$ und $(F+W+|y|)\leqq 0$ für mindestens ein Wertepaar $(W(x_0), y(x_0))$.

Dann sind drei Unterfälle zu betrachten:

Unterfall 3.1) Für den betrachteten Fall gelte

$$\int_0^{x_0} y(\zeta)\,d\zeta<\frac{A}{2},$$

dann gibt es drei Möglichkeiten:

1) Es ist $y(x_0)>0$ und der Faktor $(F+W+|y|)$ bleibt negativ und betragsmäßig so groß, daß $y(x)$ gegen Null fällt, bevor

$$\int_0^{x} y(\zeta)\,d\zeta=\frac{A}{2}$$

wird. Dann existiert also das gesuchte d.

2) Es ist $y(x_0)>0$ und der Faktor $(F+W+|y|)$ ermöglicht nicht, daß $y(x)=0$ vor

$$\int_0^{x} y(\zeta)\,d\zeta=\frac{A}{2}$$

erreicht wird. Dieser Fall führt auf den Unterfall 3.2.

3) Es ist $y(x_0)=0$ und der Faktor bleibt nichtpositiv bis $y(x)\neq 0$ ist, dann gilt $y(x)<0$ und der Faktor

$$\left(\frac{A}{2}-\int_{x_1}^{x} y(\zeta)\,d\zeta\right)$$

wächst von $\frac{A}{2}$ beginnend. Hierbei bezeichnet x_1 den Zeitpunkt, zu dem $y(x)$ von Null abweicht. Dieses wird in dem Unterfall 3.3 behandelt.

Unterfall 3.2) Für den Fall 3 gelte $\int\limits_0^{x_0} y(\zeta)\,d\zeta \geqq \frac{A}{2}$. Dann ist $y'(x_0) \geqq 0$ und $y(x) > 0$ wächst, solange der Faktor $(F+W+|y|)$ nichtpositiv bleibt. Sobald der Faktor aber wieder positiv wird, fällt $y(x)$ mit der Zeit zunehmend stark gegen Null, da hier der Faktor $\left(\frac{A}{2} - \int\limits_0^x y(\zeta)\,d\zeta\right)$ negativ ist und sein Betrag ständig wächst.

Im allgemeinen kann also konstantes oder nichtfallendes $y(x)$ nur erreicht werden, wenn von einer gewissen Anfangszeit x_a an der Faktor $(F+W+|y|) \leqq 0$ ist. Damit aber das Kommando beendet werden kann, muß $y(x)$ irgendwann auf 0 fallen. Hierzu reicht ein Intervall, in dem der Faktor $(F+W+|y|)$ einen bestimmten positiven Wert überschreitet.

Da der Betrag des negativen Faktors $\left(\frac{A}{2} - \int\limits_0^x y(\zeta)\,d\zeta\right)$ im hier betrachteten Fall wächst, gilt schließlich für kleine $\delta > 0$ und $\varepsilon > 0$

$$\varepsilon \cdot K \cdot A \left(\frac{A}{2} - \int\limits_0^x y(\zeta)\,d\zeta\right) \geqq \frac{y}{\delta}. \tag{1}$$

Ändert der stetige Faktor $(F+W+|y|)$ nun sein Vorzeichen, und gibt es ein Intervall der Länge $\delta > 0$ in dem $(F+W+|y|) > \varepsilon$ ist, und ist außerdem hier der Betrag von

$$\left(\frac{A}{2} - \int\limits_0^x y(\zeta)\,d\zeta\right)$$

bereits groß genug, so daß (1) gilt, so fällt y im betrachteten Intervall auf Null. Andernfalls ist ein nächstes Intervall abzuwarten, in dem $(F+W+|y|)$ genügend groß und positiv wird und das lang genug ist, damit y in seinem Verlauf Null erreicht.

Hier kann möglicherweise ein Teilkommando nicht beendet werden, wenn der Faktor nichtpositiv bleibt oder die Intervalle, in denen er positiv mit genügend großem Betrag wird, zunehmend kürzer werden. Dazu müßte sich W schließlich gerade so ändern daß alle Veränderungen von y ausgeglichen werden. Solange aber $y \neq 0$ ist, wächst die Phase des Kommandos. Da W mit positiven Zahlen multiplizierte Sinusfunktionen von Phasendifferenzen enthält, ist ein Vorzeichenwechsel bei sich ändernden Phasen nur unter fast unmöglichen Bedingungen zu verhindern. Diese werden hier bis auf den folgenden Sonderfall nicht im einzelnen besprochen. Bei dessen Abhandlung wird aber genügend deutlich, welche besonderen Forderungen dabei an alle Teile des Ortsbewegungsapparates gestellt werden.

Besondere Beachtung verdient die Frage, ob irgendein $|y|$ unbeschränkt wachsen kann. Dann wäre $(F+W+|y|)<0$ und $|W|$ muß daher ebenfalls wachsen. Die Formel (W) zeigt, daß dies schließlich, wenn nämlich eine durch feste Parameter bestimmte Größe nicht mehr ausreicht, nur möglich ist, wenn ein y_1 existiert, dessen Betrag auch wächst. Man kann daher eine Folge solcher betragsmäßig wachsender y_ν bilden. Da nur endlich viele Teilapparate im Ortsbewegungsapparat vorhanden sind, muß die Folge zyklisch sein, d.h. irgendein Teilapparat muß einen in der Folge späterliegenden Teilapparat im entsprechenden Sinn beeinflussen. Innerhalb der Folge muß von Glied zu Glied gelten

$$|y_n| < C_{n+1,n}|y_{n+1}| + \kappa_{n+1}$$

mit konstanten $\kappa_{n+1} \in \mathbb{R}$, denn der Sinusfaktor in $W_{n+1,n}$ ist durch 1 beschränkt. Da alle $|y_\nu|$ schließlich, wenn sie überhaupt wachsen, schneller als linear wachsen, darf in der Folge kein $|y_{\nu+\sigma}|$ mit $\sigma \in \mathbb{N}$ schneller wachsen als $|y_\nu|$.

Da die Folge zyklisch ist, müssen also alle $|y_\nu|$ gleich schnell wachsen. Daher sind alle Parameter in den Integral-Differential-Gleichungen gleich. Insbesondere haben auch alle gleiche Phase, da sich sonst schließlich die Phasendifferenzen stetig vergrößern würden und daher die entsprechende M-Wirkung ihr Vorzeichen änderte. Damit eine negative Wirkung unter diesen Bedingungen möglich ist, muß jedes folgende Glied der Folge zu seinem Vorgänger eine negative Phasendifferenz $\Delta P^0_{n+1,n} \in (0, -\pi)$ anstreben. Damit sich unter dem Einfluß der Wirkung die gegenseitigen Phasenverhältnisse nicht ändern, müssen die

$$W_{n+1,n} = (B_{n+1,n} + C_{n+1,n}|y_{n+1}|)\sin(\Delta P_{n+1,n} + P^0_{n+1,n})$$

für alle n übereinstimmen.

Jede geringfügige Abweichung führt in diesem Fall zu einer Vorzeichenänderung irgendeiner der Wirkungen $W_{n+1,n}$ und damit zu einem sehr schnellen Zusammenbrechen der betrachteten Sonderlösung.

Unterfall 3.3) Hat nun y negatives Vorzeichen, dann wächst der Faktor

$$\left(\frac{A}{2} - \int_{x_1}^{x} y(\zeta)\, d\zeta\right)$$

von $\frac{A}{2}$ beginnend monoton.

Wird $(F+W+|y|)>0$, so wächst y gegen Null. Nach Berücksichtigung des anderen Vorzeichens gilt Unterfall 3.2.

Ergebnis

1) Für reelle Parameter $K>0$, $F>0$, $A\geq 0$, $W\equiv 0$ hat die Gl. (AZ) stetige, beschränkte Lösungen. Für $A>0$ gibt es dabei stets ein d der geforderten Art.

2) Vorübergehende Störungen durch $W\not\equiv 0$ führen momentan zu einer stetigen Veränderung der weiterhin stetigen und beschränkten Lösungsfunktion y. Nach Beendigung der Störung existiert jedenfalls ein d der geforderten Art.

3) Andauernde Störungen $W \neq 0$ verhindern ein Erreichen des genannten d nur dann, wenn fast ständig W negativ und so groß ist, daß $(F + W + |y|) \leqq 0$ bleibt. Dabei ist »fast ständig« so zu verstehen, daß von einer festen Zeit x_0 an der Faktor sein Vorzeichen entweder gar nicht mehr ändert oder nur in kürzer werdenden Intervallen einen festen positiven Wert überschreitet. Solche Fälle sind in dem betrachteten System nur ausnahmsweise möglich. Im allgemeinen wird auch bei andauernden Störungen d erreicht.

D. Anwendungen

I. Physiologische Verwirklichung

1) Auf der Grundlage des gewonnenen mathematischen Formelsystems, das den beobachteten Ortsbewegungsapparat der Fische funktionell beschreibt, läßt sich für die Verwirklichung der für das Erscheinungsbild der relativen Koordination notwendigen Vorgänge eine physiologische Hypothese aufstellen. Dies betrifft vor allem den *Kommandogeber*, da Kommandoübertrager und Ausführungsglied im wesentlichen als Motoneurone, Muskeln und Gliedmaßen anatomisch bekannt sind. Der Kommandogeber enthält ein autorhythmisches Zentrum und Verrechnungsinstanzen. Nach Formel (AZ) und Abb. 4 besteht die Funktion des *autorhythmischen Zentrums* darin, an die Motoneurone der antagonistischen Muskeln des Ausführungsglieds abwechselnd Signale zu senden, die in ihm selbst entstehen und durch M-Wirkung (Parameter W) oder zentralnervöse Steuerungen (Parameter A, F und K_+ bzw. K_-) beeinflußt werden können. Ich unterstelle, daß hierfür in dem autorhythmischen Zentrum *zwei* Populationen von Neuronen, die »+«Gruppe und die »–«Gruppe, vorhanden sind, die folgende Eigenschaften besitzen:

– jede der beiden Populationen aktiviert die Moroneurone eines der beiden Antagonisten.

– zugleich mit dem Aktivieren der »eigenen« Motoneurone sendet jede Zelle der gerade aktiven Population an alle Zellen der anderen Population Impulse, die dort die Impulsaussendung hemmen.

– die Aktionspotentiale jeder Zelle der gerade aktiven Population werden auch auf die restlichen Zellen der eigenen Population übertragen, aber dort *erregen* sie Impulsaussendung

– jede Zelle speichert in Ruhe einen begrenzten Vorrat an schnell verfügbarer (Stoffwechsel-)Energie zur Produktion von Signalen.

– bei gegenseitiger Anregung der Zellen während des Zeitintervalls der Signalproduktion wird die gespeicherte Energie in jeder Zelle schneller verbraucht, als sie (aus dem Stoffwechsel oder einem größeren Reservoir) zufließt; eine von der Population begonnene Salve von Impulsen schwillt daher zwar zuerst zu einem Maximum an, nimmt dann aber autonom wieder ab und erlischt. [Entsprechendes wurde von MAYNARD (1955) am Herzganglion des Hummers gefunden.]

– alle Zellen stehen in gleicher Weise mit höheren Nervenzentren, die Einfluß nehmen können, in Verbindung.

Folgende Einflußmöglichkeiten unterstelle ich:

– Aktionspotentiale, die alle Zellen in beiden Populationen gleichmäßig treffen, verändern die Geschwindigkeit der Energiespeicherung in der Ruhephase oder den Ablauf der Aktivität während der Signalerzeugung. Sie können an erregenden oder hemmenden Synapsen eingehen. Im ersten Fall beschleunigen sie Energiespeicherung und Signalerzeugung, im zweiten Fall verlangsamen sie diese Prozesse. (In den Formeln (AZ) sind hierfür die Parameter F (Frequenzfaktor) und W (M-Wirkung) vorgesehen).

– Der Abfluß von Aktionspotentialen jeder Zelle aus beiden Populationen kann möglicherweise unterbunden werden. Dann kann diese Zelle bei eigener Aktivität die restlichen Zellen der eigenen Population nicht mehr erregen und die Zellen der anderen Population nicht mehr hemmen. Sie scheidet aus der gemeinsamen Aktivität aus. Hierbei werden i.a. jeweils gleichviele Zellen aus beiden Populationen ausgeschaltet. (In den Formeln (AZ) ist hierfür der Parameter A (Aktivität) vorgesehen)

– Innerhalb jeder der beiden Populationen kann die Stärke der Erregungsübertragung von Zelle zu Zelle verändert werden. Dies kann durch Steuerung der mittleren Anzahl der reaktionsfähigen Synapsen durch hemmende Impulse an den Synapsen selbst oder an den zugehörigen Dendriten (über die auch F und W eingehen) erfolgen. Hierdurch wird die Geschwindigkeit der Signalerzeugung in den Teilganglien möglicherweise unterschiedlich. (In den Formeln (AZ) sind hierfür die Parameter K_+ bzw. K_- (Teilgeberfrequenzfaktoren) vorgesehen.)

Die hier angegebene Hypothese ist in Abb. 12 dargestellt.

Die normale Tätigkeit des autorhythmischen Zentrums besteht darin, daß die beiden Gruppen im Wechsel Salven von Aktionspotentialen erzeugen. Dies kommt folgendermaßen zustande: Aktionspotentiale, die z.B. in der »+«Gruppe entstanden sind, führen zu einer Erregung weiterer Zellen in der »+«Gruppe und gleichzeitig zu einer Hemmung der »–«Gruppe. Die Kettenreaktion innerhalb der »+«Gruppe endet jedoch von sich aus durch Erschöpfung der jeweils schnell verfügbaren Energiereserven. Sobald ihre Signale zur Hemmung der »–«Gruppe nicht mehr ausreichen, wird die »–«Gruppe tätig, hemmt nun die »+«Gruppe und durchläuft einen entsprechenden Prozeß. An dem Ausgang des autorhythmischen Zentrums werden alle innerhalb des Zentrums erzeugten Aktionspotentiale verrechnet. Die jeweils von der gerade tätigen Gruppe im Überschuß über die antagonistische Gruppe erzeugten Aktionspotentiale bilden die Ausgangsgröße. So erzeugt das autorhythmische Zentrum das periodische Bewegungskommando, das man in der in Abb. 4 gezeigten Form darstellen kann. Dabei werden die Aktionspotentialsalven der »+«Gruppe auf agonistische Muskeln und die der »–«Gruppe auf die Antagonisten übertragen und führen dort zu Muskelkontraktionen, die die Bewegungen des Ausführungsgliedes verursachen.

Die Kommandoerzeugung wird durch die M-Wirkung anderer Kommandogeber beeinflußt. Die M-Wirkung greift dabei über die jeweiligen Verrechnungsinstanzen in die Kettenreaktionen ein. Dies geschieht in Form von Aktionspotentialen, die alle Zellen des autorhythmischen Zentrums gleichmäßig treffen. Die Wirkung kann erregend oder hemmend sein.

Die Zuordnung dieser Vorstellung zu den Formeln (AZ) ist folgendermaßen möglich: das Signal an die Motoneurone wird durch $y(x)$ beschrieben. Diese Zeitfunktion hat die Dimension [Anzahl der Impulse/t].

Die zeitliche Änderung des Prozesses $y'(x)$ mit der Dimension $[t^{-2}]$ ist bestimmt durch das Produkt (in das System eingehende Impulse pro Zeit)·(reaktionsfähige Zellen pro Zeit). Der Eingang sind die Impulsraten $(F+W+|y(x)|)$ mal die Anzahl der Synapsen $A\cdot K$, die getroffen werden und reaktionsfähig sind.

Reaktionsfähige Zellen stehen anfangs im Mittel $\frac{A}{2}$ zur Verfügung. Davon sind die im Prozeßverlauf abgefeuerten $\int_0^x y(\zeta)\,d\zeta$ abzuziehen. Es ist also z.B. im »+«Teilkommando zu bilden das Produkt

$$y'(x)=K\cdot A(F+W+|y(x)|)\left(\frac{A}{2}-\int_0^x y(\zeta)\,d\zeta\right).$$

Dies ist die entsprechende Gleichung in (AZ).

Falls $\int_0^x y(\zeta)\,d\zeta>\frac{A}{2}$ ist, bezeichnet die Differenz

$$\left(\frac{A}{2}-\int_0^x y(\zeta)\,d\zeta\right)$$

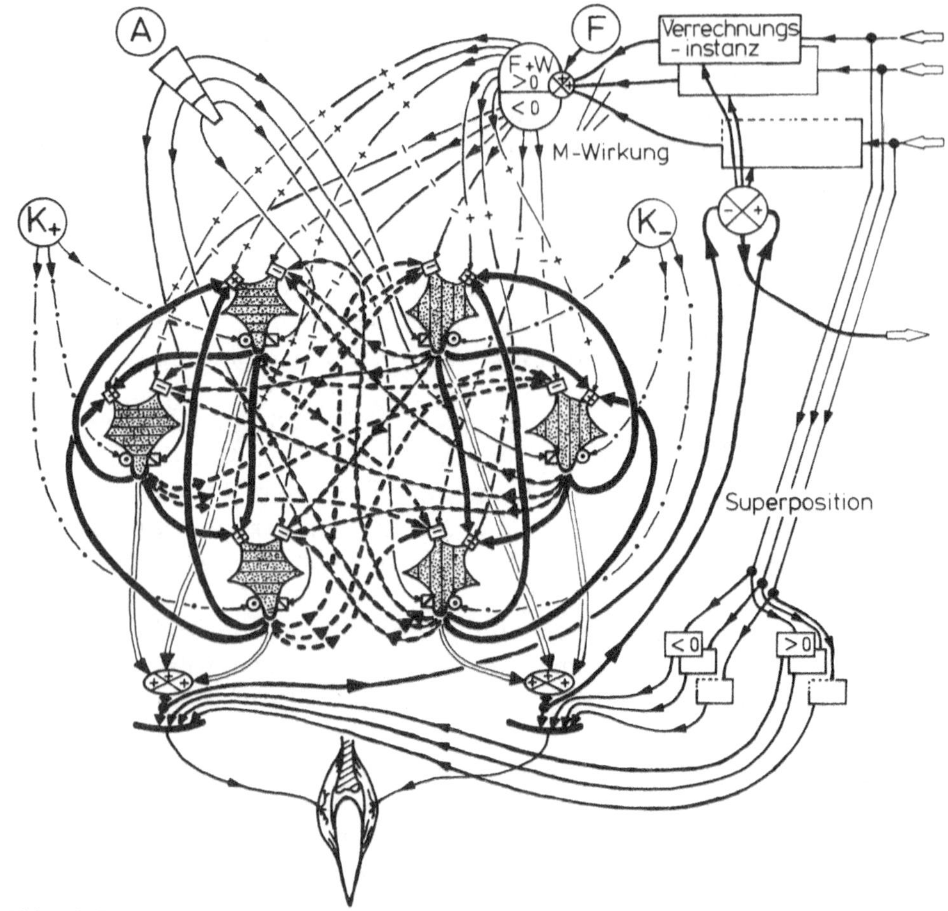

Abb. 12. Hypothese über die neuronale Verwirklichung des autorhythmischen Zentrums (vergleiche Abb. 11). Dargestellt sind für die »+«Gruppe (»+«Teilgeber) und »–«Gruppe (»–«Teilgeber) je 3 Nervenzellen mit Axonhügel (unterster Fortsatz der gezeichneten Zellkörper), an dem multiplikative Eingänge ⊙ und »an-aus«-Schalter ⧅ eingezeichnet sind, erregenden Synapsen ⊞ und hemmenden Synapsen ⊟. Die Zellen sind *innerhalb* der Gruppen (Schraffurrichtung) *erregend* verschaltet (—), *von Gruppe zu Gruppe* aber *hemmend* (– – –) bzw. (-⊟⊟-). Die Eingänge von K_+ bzw. K_- (–··–) wirken multiplikativ (Anzahl der reaktionsfähigen Synapsen). Die Eingänge von A(–) entscheiden, ob die Zelle auf Eingänge reagiert oder nicht. Die Eingänge von $F+W$ treffen je nach Vorzeichen die erregenden oder die hemmenden Synapsen (– + –) bzw. (–|–). Die Ausgänge zu den Motoneuronen sind durch Doppelstrich (=) bezeichnet. Verbindungen von anderen (in diesem Fall mindestens 3) Teilapparaten sind rechts eingezeichnet. Über sie erreicht die Kommandofunktion jener Teilapparate den gezeichneten Teilapparat. Entsprechend ist ein Ausgang (⇒) gezeichnet, der alle anderen Teilapparate in gleicher Weise erreicht

die zunehmende Schwierigkeit, noch feuerbereite Zellen zu aktivieren, dargestellt durch die Anzahl der in der 2. Hälfte der Kettenreaktion tätigen Zellen, die zur Zeit x durch nichts mehr erregbar sind, mit negativem Vorzeichen. Diese Zahl wird betragsmäßig jeweils um die Zahl der momentan abgefeuerten Zellen größer. Im Mittel ist die Aktivität beendet wenn $\frac{A}{2}$ erreicht ist. Für das »–«Teilkommando gilt entsprechendes.

Über die neuronale Verwirklichung der *Verrechnungsinstanzen* soll nicht diskutiert werden, da die geforderten Leistungen, Bildung und Vergleich von Phasen eingehender Erregungsfunktionen, Erzeugung der Sinus(ähnlichen) Funktionswerte zu gegebenen Argumenten, Betragsbildung, Multiplikation und Addition, in vielfältiger Weise von Nervenzellstrukturen erfüllt werden können. Zur Übertragung der beiden möglichen Wirkungen von einem auf einen anderen Teilapparat reicht nach der hier angegebenen Vorstellung eine *einzige* Nervenleitung aus, wenn man davon ausgeht, daß die Steuerung der Wirkungsstärken, der angestrebten Phasendifferenz und der Verstärkung durch die Kommandoamplitude von höheren Instanzen aus erfolgt und die Wirkungen erst am beeinflußten Teilapparat trifft. Diese Leitung geht vom Ausgang des autorhythmischen Zentrums des wirkenden Kommandogebers zu der ihr zugehörigen Verrechnungsinstanz im beeinflußten Kommandogeber und hat eine Abzweigung zum Kommandoübertrager. (Die zur Berechnung der Phase des wirkenden Kommandos formal notwendige Größe der Aktivität A_w des zugehörigen Kommandogebers läßt sich aus kleinen Bruchteilen des Kommandos selbst berechnen: spätestens nach einem halben Teilkommando, also z.B. bei Erreichen des 1. relativen Maximums des Kommandos ist A_w aus

$$\frac{A_w}{2} = \int_0^{x_m} y_w(\zeta)\, d\zeta$$

genau zu bestimmen.

Ich nehme daher an, daß die Verrechnungsinstanzen Teilsysteme enthalten, die auch ohne getrennte Übertragung der Größe A_w die Phase bzw. eine Näherung dazu aus dem eingehenden Kommando y_w selbst ermitteln. Entsprechendes gilt für die Phasenermittlung des »eigenen« Kommandos y_b.)

2) Lenkung des Ortsbewegungsapparates

Die Beeinflussung geschieht über die Parameter, die wie beschrieben die autorhythmischen Zentren darüber hinaus aber auch die Verrechnungsinstanzen treffen. Diese sind im allgemeinen nicht periodisch und ändern sich gewöhnlich langsam im Vergleich zu den fast immer periodischen Bewegungen der Ausführungsglieder. Während einer Gangart sind sie konstant, da die Koordination der Bewegungen durch die gegenseitige Beeinflussung der Teilapparate erfolgt. Auch bei geringen Schwankungen der Beeinflussungssignale bleibt die Gangart stabil. Gangartenwechsel infolge von kontinuierlicher Änderung der Beeinflussungssignale erfolgt wegen der speziellen Eigenschaften der Koordination meist sprunghaft. Bei Ausschalten höherer Zentren bleibt das System spontan aktiv, da der entscheidende Parameter A (Aktivität) nur hemmend wirken kann.

Physiologische, anatomische Realität

Die anatomische und physiologische Verwirklichung des Ortsbewegungsapparates ist jedenfalls bezüglich der zentralnervösen Anteile aus dem dargestellten funktionellen Aufbau, aus der mathematischen Theorie und auch aus der formulierten Hypothese *nicht* abzulesen. Sie ist nur durch direkten Zugriff aufzuklären.

II. Folgerungen auf die Gangarten von Säugetieren

1) Vorstellungen über den anatomischen Aufbau des Ortsbewegungsapparates von Säugetieren

Hier soll als Beispiel ein laufendes Pferd betrachtet werden. Sein Ortsbewegungsapparat besteht aus 4 Teilapparaten (Abb. 13). Die zugehörigen Kommandogeber sind wie die der Fische gebaut. Die Beinstrukturen, also Kommandoübertrager und Ausführungsglied, die bei dem Pferd viel komplizierter sind als die Flossenstrahlen der Fische, werden nur insofern berücksichtigt, als sie die zentralnervöse Lenkung des Ortsbewegungsapparates ergänzen oder beeinflussen.

2) Funktionelle Grundannahmen

Im Grundzustand ohne gegenseitige Beeinflussung tun die Kommandogeber aller 4 Teilapparate dasselbe. Alle 4 Kommandogeber wirken bei der Gangartenerzeugung gegenseitig durch M-Wirkung aufeinander, die Grundstärke $B_{\nu\mu}$ und Kommandoamplitudenverstärkung $C_{\nu\mu}$; $\nu, \mu = 1, 2, 3, 4$ in einem bestimmten Verhältnis enthält. Die verschiedenen M-Wirkungen zwischen den zu den einzelnen Beinen gehörenden Kommandogebern streben einen bestimmten Satz von Phasendifferenzen an. Diesen Satz von Parametern nenne ich *Gehtendenz*. Dabei müssen zwei Gehtendenzen unterschieden werden, eine für Bewegungen die gegebenenfalls in Rechtsgalopp münden und eine für Bewegungen, die gegebenenfalls in Linksgalopp münden. Die beiden Gehtendenzen unterscheiden sich im Vorzeichen der einzelnen zugehörigen angestrebten Phasen-

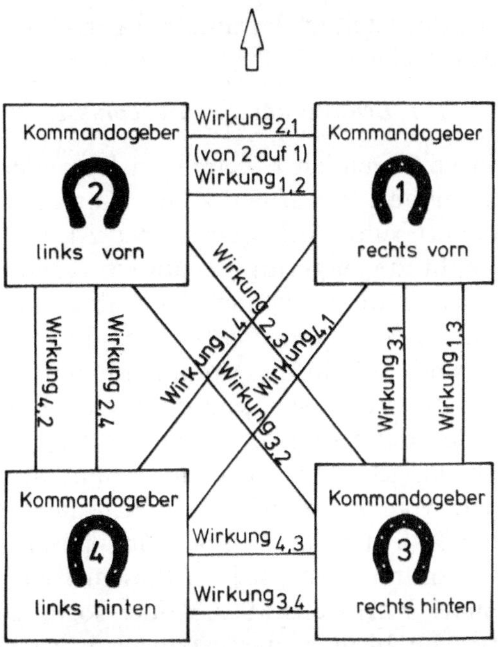

Abb. 13. Gegenseitige Verbindungen zwischen den 4 Kommandogebern des Ortsbewegungsapparates eines Pferdes

differenzen. Abweichend von den bei Fischen gefundenen Verhältnissen werden hierbei zum Teil von gegenseitig aufeinander wirkenden Kommandogebern zwar betragsmäßig gleiche und nahe bei 0 liegende, im Vorzeichen aber unterschiedliche Phasendifferenzen angestrebt. Die vier Teilapparate haben jeweils gleiche Aktivität. Die Größe der Aktivität entscheidet über die Bewegungsgeschwindigkeit. Ihr Wert ist mit der Wirkungsstärke der Wirkung zwischen den Kommandogebern der über Kreuz liegenden Beine gekoppelt. Diese Koppelung besteht darin, daß bei kleinen Aktivitäten diese Wirkung groß ist und von einer bestimmten Größe der Aktivität an die Wirkungsstärke gegensinnig zur wachsenden Aktivität stetig fällt. Über diesen Zusammenhang entscheidet die Aktivität auch über die Gangarten, Kreuzgang oder Galopp. Der Zusammenhang kann aber verändert oder gelöst werden.

Die Bewegungsrichtung wird bei gleicher gegenseitiger Beeinflussung der Kommandogeber durch entgegengesetztes Ansprechen der Beine erreicht. Dieses kann man sich in der physiologischen Vorstellung des Ortsbewegungsapparates durch geeignete, zwischengeschaltete, steuerbare Nervenzellen verwirklicht denken.

Die genannten Vorstellungen wurden in einer Rechnung geprüft, die mit dem in Anhang II angegebenen ALGOL-Programm mit den in

Anhang III zusammengestellten Parametern gerechnet wurde und deren Ergebnis die Abb. 14 zeigt

3) Erläuterung der Ergebnisse

Man kann den vorliegenden Ergebnissen folgenden Sinn unterlegen. Bei der Anfangsaktivität 0 werden keine Kommandos erzeugt. Der Ortsbewegungsapparat ruht. Mit wachsender Aktivität erfolgen Kommandos, deren Amplitude zu gering ist, um ein Abheben der Beine vom Boden zu veranlassen, deren Gesamtergebnis aber ein geringes Verschieben des Körpers in die Bewegungsrichtung ist, da zunächst alle Beine in einer Stemmphase sind. Sobald die Kommandoamplitude ausreicht, das Abheben der Beine zu veranlassen, kommt es zum Kreuzgang. Während dieses Ganges werden auf Kommandos mit geringer Amplitude hin die Beine in der Reihenfolge rechts vorn, links hinten, links vorn, rechts hinten usw. bewegt. Man kann sich vorstellen, daß bei dieser geringen Kommandogröße die nicht belasteten Schwingphasen schneller ablaufen als die belasteten Stemmphasen [48]. In diesem Fall berühren dann zu jeder Zeit mindestens 2 meistens aber 3 oder sogar alle vier Beine den Boden. (Dies ist in Abb. 14 nicht dargestellt). Mit wachsender Kommandoamplitude werden die Bewegungen raumgreifender. Die Geschwindigkeitsunterschiede für Schwingphase und Stemmphase werden geringer. Es ergibt sich ein zügiger Kreuzschritt.

Wächst nun die Kommandoamplitude über einen bestimmten Schwellenwert, so wird die Abdruckbelastung der Beine so groß, daß Muskel- und Sehnenreflexe ansprechen. In diesem Moment kommt es zum Absprung. Der Kreuzgang wird zum Trab und der Übergang erfolgt sprunghaft.

Bei weiterem Anwachsen der Aktivität beginnt sich der genannte Zusammenhang zwischen ihr und den M-Wirkungen über Kreuz auszuwirken. Die Ergebniskurven lassen erkennen, daß über einen gewissen Zeitraum die gegenläufige Bewegung der Vorderbeine genauer eingehalten wird, während die Hinterbeine zunehmend lange gemeinsam den Boden berühren. Sobald dies länger geschieht als die gemeinsame Bodenberührung mit den über Kreuz liegenden Vorderbeinen dauert, erfolgt das Umspringen in die Galoppgangart. In den vorliegenden Kurven handelt es sich um Rechtsgalopp, während dessen die Beine in der Reihenfolge, links vorn, rechts vorn, links hinten, rechts hinten usw. auf den Boden treffen. Die Kommandoamplituden sind hierbei so groß, daß man schon vor Beendigung der Stemmphasen mit dem Abspringen des Körpers rechnen kann. Dadurch entstehen an den Phasenenden Bereiche, wo sich alle Beine gleichzeitig in der Luft befinden. Bei höchster Aktivität werden schließlich die Beinpaare fast geschlossen und genau gegensinnig zueinander bewegt.

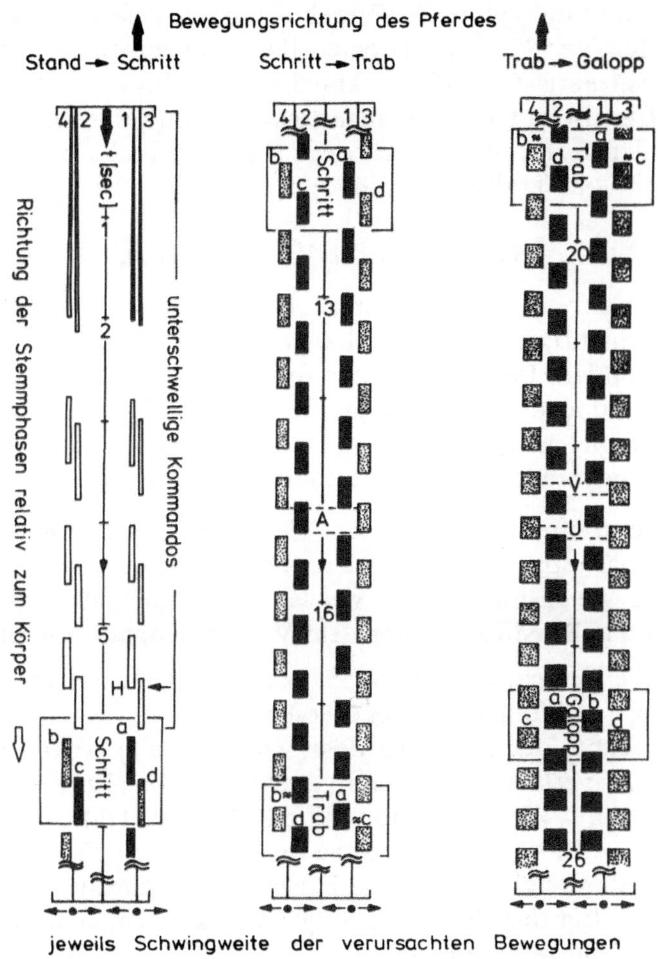

Abb. 14. Gangarten eines Pferdes (Modellrechnung). Dargestellt sind in jeder Doppelsäule von oben nach unten die im Verlauf der Zeit erfolgenden Phasen der Bodenberührung der Beine (Stemmphasen) auf der Ebene der zugehörigen Kommandos. Die Doppelsäulen folgen von links nach rechts mit kurzen Unterbrechungen nacheinander (Zeitskala). Die linken Teilsäulen stellen die linken, die rechten die rechten Beine dar. Die Vorderbeine sind jeweils nach innen, die Hinterbeine nach außen gezeichnet. Die Höhe der Blöcke zeigt die Dauer, ihre Breite die Schwingweite der Stemmphasen. Die Bewegungsrichtung des Pferdes verläuft entgegengesetzt zu der der Stemmphasen, also nach oben. In den Kästchen mit den Gangartennamen bezeichnen die Buchstaben *a*, *b*, *c*, *d* die Reihenfolge des Aufsetzens der Beine. In der linken Säule bezeichnet *H* das 1. Abheben eines Beines (rechts vorn) vom Boden. In der Mitte wird der Absprung in den Trab bei *A* angenommen. Dort überschreitet der Vorstellung entsprechend die wachsende Teilkommandomasse einen Schwellenwert. Die Säule rechts enthält das Umspringen vom Trab in den Galopp. Bei *V* sind die Hinterbeine bereits versammelt, bei *U* berühren sie länger gemeinsam den Boden als mit den ihnen beim Trab zugeordneten über Kreuz liegenden Vorderbeinen und der endgültige Umsprung in den Galopp erfolgt innerhalb des einen Sprunges

Diese Sinnunterlegung der Ergebniskurven liefert für die bekannten Eigenschaften der Gangarten eines Kreuzgängers eine Erklärung und enthält gleichzeitig vorstellbare Annahmen für bisher nicht im einzelnen bekannte Eigenschaften der Gangarten. Dies sind das Antreten aus dem Stand, das Umspringen vom Schritt in den Trab und schließlich auch das Umspringen vom Trab in den Galopp.

Diskussion des Parametersatzes

Bei so weitreichenden theoretischen Aussagen im Rahmen eines derart vielschichtigen Zusammenhanges hat die Prüfung von Sonderleistungen besondere Bedeutung. Hier sollen daher noch einige Überlegungen zur Stützung der Grundannahme, daß im Ruhezustand alle Kommandogeber gleichsinnig arbeiten, und zu einigen oft zu beobachteten Sonderleistungen bestimmter Haustiere angeführt werden.

a) Zunächst stimmt die von von Holst genannte Sonderleistung des Ortsbewegungsapparates der Fische, daß Reizung in der Ruhe beide Brustflossen gleichsinnig tätig werden läßt, mit der Grundannahme überein, da das Brustflossenpaar dem Vorderbeinpaar homolog ist.

b) Da die Gangarten anderer Säugetiere denen des Pferdes entsprechen, sei auch auf folgendes hingewiesen.

– Ein Hund, der sich nach dem Schlaf ohne spürbare Neigung, den Schlafplatz zu verlassen, gähnend streckt, schiebt alle vier Beine in die gleiche Richtung. Wenn er schon auf den Beinen steht, schiebt er seinen Körper nach vorn oder hinten, ohne die Pfoten zu heben. Damit bewegt er ebenfalls alle Beine relativ zum Körper in die gleiche Richtung.

– Eine heftig aus der Ruhe aufgeschreckte Katze springt mit allen vier Beinen gleichzeitig ab.

Diese Beobachtungen wären im Rahmen der Rechnung damit zu erklären, daß in der Ausgangslage keine Gehtendenz vorlag.

c) Ein auskeilendes Pferd hält die schlagenden Hinterbeine genau nebeneinander.

– Beim Überspringen hoher Hindernisse hält es die Beinpaare in sich geschlossen.

– Beim Stolpern setzt es das andere Bein des betroffenen Beinpaares sofort neben dem strauchelnden auf.

Diese Beobachtungen würden in den Rahmen der Theorie passen, wenn man hier annimmt, daß diese Vorgänge mit höchster Aktivität gekoppelt sind.

d) Man kann Pferde aus dem Stand oder Schritt angaloppieren lassen oder etwa beim Trabrennen oder im Kutschgeschirr dazu erziehen, auch bei höchster Laufaktivität nicht zu galoppieren.

Im theoretischen Ansatz würden diese Erziehungsleistungen darin bestehen, den Zusammenhang zwischen Aktivität und M-Wirkungen über Kreuz zu beeinflussen.

e) Schließlich geben die hier dargestellten Annahmen auch einen Hinweis auf die Gründe der merkwürdigen Schwierigkeit, die das Umspringen von einer Galoppart in die andere den Pferden beim Dressurreiten macht, obwohl nur eine geringfügige Veränderung des Bewegungsablaufes dazu nötig ist. Denn in der Modellrechnung ist dazu ein Vorzeichenwechsel aller Parameter, die zu der zugrundeliegenden Gehtendenz zusammengefaßt sind, notwendig.

E. Diskussion

Die vorgelegte mathematische Formulierung ist den Befunden und Folgerungen ERICH VON HOLSTS über den Ortsbewegungsapparat der Fische unter sehr allgemeinen Voraussetzungen äquivalent und vervollständigt damit die theoretische Auswertung der bisherigen Untersuchungen. Die Formeln geben zwischen allen überlieferten Aussagen logische Zusammenhänge an und schließen die Theorie ab. Sie ermöglichen auch Antworten auf die bisher noch offenen Fragen aus [33]. Zunächst blieb die Frage nach der physiko-chemischen Natur der Kommandoerzeugung und der M-Wirkung unbeantwortet. Nach der physiologischen Hypothese aus DI, die im Einklang mit den Formeln steht, reicht die bekannte Tätigkeit geeignet verschalteter Nervenzellen in Form von Aktionspotentialen dafür aus. Die Frage, wie ein Kommandogeber bei gleichzeitiger Wirkung auf verschiedene andere Kommandogeber jeweils verschiedene Phasendifferenzen anstreben kann, die sich im Verlauf der Zeit ändern können, wird beantwortet: Das Kommando selbst erreicht den Zielkommandogeber und wird erst dort durch Parameter, d.h. durch zentrale Führungsleistungen, gesteuert in die Wirkung umgesetzt. Auch die schwierige Frage nach der Grundlage der Systemeigenschaft, stabile Gangarten zu erzeugen und sprunghafte Gangartenwechsel durchzuführen (BII3b1), wird in dieser Arbeit beantwortet: Sie beruht auf der gleichzeitigen Abhängigkeit der M-Wirkung von der Phasendifferenz *und* den Amplituden der beteiligten Kommandos.

Die Formeln können meiner Meinung nach Grundlage kybernetischer Analysen und technischer Entwicklungen sein: Die durch umfangreiche Daten gestützte funktionelle Struktur vor allem der zentralnervösen Teile des Ortsbewegungsapparates kann Anlaß zu mathematischen Überlegungen geben, wie sie etwa in den Arbeiten von ACCARDI [1],

AMARI [5, 6], CAIANIELLO et al. [8], JENIK et al. [39], DE LUCA [43], OĞUZTÖRELI [47], RICCIARDI et al. [49, 50], WEVER [60, 61] für anders strukturierte Nervennetze und Systeme durchgeführt wurden. Auch Simulationen mit elektronischen oder mathematischen Neuronenmodellen oder Neuronennetzen ähnlich denen von ADÁM [2], ANNINOS [3], AHN et al. [4], CAIANIELLO et al. [7], FELDMAN et al. [10], KLING et al. [40, 41], LOPES DA SILVA et al. [42], MAC GREGOR et al. [44], SEGUNDO et al. [52], STEIN et al. [54], WENDLER [57, 58], WEVER [59, 62, 63] und WILLWACHER [64] können angeregt werden. Das Rechenbeispiel für die Gangarten eines Pferdes und die Darstellung der Formeln im Analogmodell (Anlage I) legen einen Versuch der technischen Verwirklichung nahe, da z.B. ein schreitender »Rollstuhl« offenbar Vorteile hätte. Eine beliebige Anzahl von Beinen könnte nach den Prinzipien der relativen Koordination miteinander verschaltet werden und im Leistungsvergleich mit bisher üblichen, technischen Ortsbewegungsapparaten geprüft werden, besonders im Hinblick auf schnelle Lenkbarkeit, Stabilität der Gangarten und Geländegängigkeit.

Vor allem bedeutet aber die funktionelle Beschreibung eine gut begründete Frage nach der anatomischen Verwirklichung der zentralnervösen Teile des Ortsbewegungsapparates. Diese ist nur durch weitergehende Beobachtungen, Messungen und Versuche am Objekt aufzuklären, wie sie z.B. von PEARSON [48] dargestellt wurden. Ich hoffe, durch meine Arbeit Forschern, die in dieser Richtung arbeiten, Anregungen geben zu können. Dabei bin ich überzeugt, daß die Prinzipien der zentralnervösen Koordination der Gangarten, die allgemein im Tierreich verbreitet zu sein scheinen, auch bei höheren Nervenleistungen eine Rolle spielen.

F. Anhang

I. Schaltplan für die Darstellung des den Ortsbewegungsapparat beschreibenden Formelsystems an elektronischen Analog-Rechnern

Der folgende Schaltplan stellt einen Teilapparat mit Eingängen von drei anderen Teilapparaten dar. Seine Ausgänge können entsprechend Eingänge anderer Teilapparate sein. Auf die Begrenzung der Lagefunktion $S(t)$ durch die Anschläge MA_+, MA_- wurde verzichtet, da sie ohnehin beim Ablesen der Werte mit dem Osczillographen durch dessen Bildbegrenzung gegeben ist.

Beim Lesen des Schaltplans geht man am besten von dem in der Mitte stehenden Integrator aus. Dessen Ausgang y entscheidet über den darüberliegenden Schalter, ob die links dargestellte Gleichung für den »+« Teilgeber oder rechts stehende Symbole für die Gleichung des »−« Teilgebers durchlaufen werden.

Die Differentialgleichung (EF) ist unten eingefügt. Die Eingänge liegen oben.

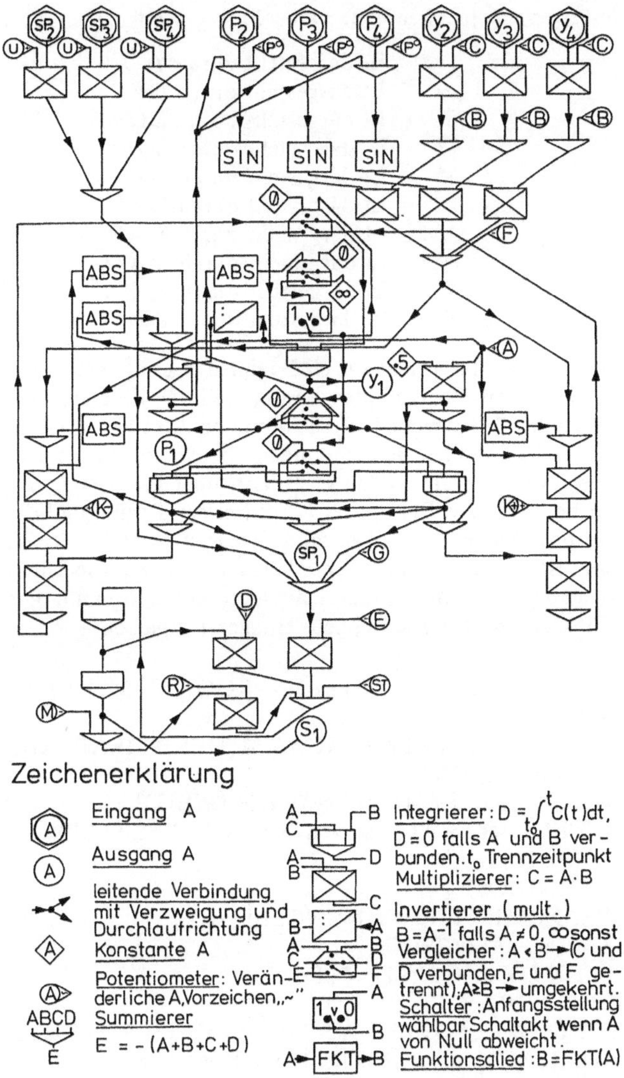

Abb. 15. Analogschaltplan des Formelsystems. Der Schaltplan stellt einen Teilapparat mit Eingängen von drei anderen Teilapparaten dar. Seine entsprechenden Ausgänge können bei anderen Teilapparaten eingehen

II. ALGOL-Programm für die Darstellung des den Ortsbewegungsapparat beschreibenden Formelsystems an elektronischen Digital-Rechnern

In dem folgenden Programm werden die Differentialgleichungen des den Ortsbewegungsapparat beschreibenden Formelsystems nach dem Runge-Kutta-Verfahren berechnet.

Die Bezeichnungen entsprechen denen aus C mit den folgenden Ausnahmen:

$\int y dt$	ist dargestellt durch Y
y	ist dargestellt durch DY
y'	ist dargestellt durch DDY
M	ist dargestellt durch MI
S^*	ist dargestellt durch SQ
P^0	ist dargestellt durch DPØ
MA_+	ist dargestellt durch MAP
MA_-	ist dargestellt durch MAM
K_+	ist dargestellt durch KP
K_-	ist dargestellt durch KM

Der Beginnschlüssel τ_0^* ist dargestellt durch Beginnzeitpunkt ANF und Beginnrichtung RANF. Im übrigen bedeuten den Symbolen vorangestelltes D die zeitlichen Ableitungen der Größen und vorgestelltes V ein bei der Berechnung anfallendes vorläufiges Ergebnis. Als Prozedurnamen sind die üblichen Bezeichnungen für die einzelnen Formeln in gekürzter aber verständlicher Form gewählt. RUKU 2 bezeichnet das Runge-Kutta-Verfahren 2. Ordnung. Die Marken BN bzw. EN mit $N \in \mathbb{N}$ bezeichnen Beginn und Ende der einzelnen Blöcke des Programms. Sie gehören nicht zum Programmtext.

Das Programm ist mit Rücksicht auf möglichst geringe Kernspeicherbelegung formuliert. Ein- und Ausgabebefehle, insbesondere die Kommunikation mit dem Externspeicher "FILE, BAND-FISCH", sind der jeweiligen Anlage anzupassen.

```
B1..  "BEGIN" "COMMENT" ALGOL-PROGRAMM DES ORTSBEWE-
      GUNGSAPPARATES;
      "INTEGER"N,Q;"COMMENT" ANZAHL DER TEILAPPARATE BZW. DER
      RECHNUNGSSCHRITTE;
      "REAL"HNORM;"COMMENT" SCHRITTWEITE;
      "FORMAT"F1(10R12.5, A1), F2(E1, S15, I2, S11, I2, S8, I2, S10, I2, S11, I2, S9, I2, S9,
      I2, S11, I2, S10, I2, S1, A1);
      READ(N,Q,HNORM);
B2..  "BEGIN""COMMENT"RECHNUNGSBLOCK;
      "INTEGER"I,K,L,M,O,SWNB;
      "REAL"MY,MDY,MV1,H,VDS,PI,DS;
      "INTEGER""ARRAY"RANF,SW(/1..N/);
      "ARRAY"Y,DY,V1,Z,S,SV1,SQ,W,SP,P,VP,VY,VDY,VV1,VZ,VSV1,DDY,
      VS,VSQ,ANF,KP,KM,A,F,E,G,D,R,MI,MAP,MAM,ST(/1..N/),
      DPØ,B,C,U(/1..N,1..N/);
      "REAL""PROCEDURE"PGEBER(H,Y,V);
      "VALUE"H,Y,V;"REAL"H,Y,V;
      PGEBER:=KP(/L/)*A(/L/)*(F(/L/)+W(/L/)+ABS(V/H))*(A(/L/)*0.5-Y);
      "REAL""PROCEDURE"MGEBER(H,Y,V);
      "VALUE"H,Y,V;"REAL"H,Y,V;
      MGEBER:= -KM(/L/)*A(/L/)*(F(/L/)+W(/L/)+ABS(V/H))*(A(/L/)*0.5
      +Y);
      "REAL""PROCEDURE"UEBERTRAGER(Z);
      "VALUE"Z;"REAL"Z;
      UEBERTRAGER:=E(/L/)*(G(/L/)+VY(/L/)+SP(/L/));
      "REAL""PROCEDURE"AUSFUEHRER(H,S,SV1);
      "VALUE"H,S,SV1;"REAL"H,S,SV1;
      AUSFUEHRER:=VZ(/L/)+ST(/L/)-D(/L/)*SV1/H-R(/L/)*(S-MI(/L/));
```

```
          "PROCEDURE"RUKU2(H,V0,V1,WY,WV,WDY,F);
          "VALUE"H,V0,V1;"REAL"H,V0,V1,WY,WV,WDY;"REAL""PROCE-
          DURE"F;
B3..      "BEGIN"
          "REAL"K1,K2,K3,K4,G;
          G:=H*H*0.5;
          K1:=G*F(H,V0,V1);
          K2:=G*F(H,V0+0.5*V1+0.25*K1,V1+K1);
          K3:=G*F(H,V0+0.5*V1+0.25*K1,V1+K2);
          K4:=G*F(H,V0+V1+K3,V1+2*K3);
          WY:=V0+V1+(K1+K2+K3)/3;
          WV:=V1+(K1+2 * K2+2*K3+K4)/3;
          WDY:=WV/H;
E3..      "END";
          "PROCEDURE"TEILAPPARAT;
B4..      "BEGIN"
B5..      "IF"K*HNORM"NOTLESS"ANF(/L/)"THEN""BEGIN"
          SP(/L/):=0;
          "FOR"M:=1"STEP"1"UNTIL"N"DO"
          "IF"P(/M/)"LESS"0"OR"M"EQUAL"L"THEN"SP(/L/):=SP(/L/)
          "ELSE"SP(/L/):=SP(/L/)+U(/M,L/)*Y(/M/);
          "IF"SW(/L/)"NOTEQUAL"0 "THEN""GOTO"MARKE;
E5..      SW(/L/):="IF"RANF(/L/)"EQUAL"1"THEN"1"ELSE"-1;"END";
          MARKE.."IF"SW(/L/)"EQUAL"0"OR"ABS(A(/L/))"LESS"&  10
B6..                                "THEN""BEGIN"
          VDY(/L/):=0;VV1(/L/):=0;VY(/L/):=0;VP(/L/):= -1;
E6..      "GOTO"MARKE5;"END";
          SWNB:=0;W(/L/):=0;H:=HNORM;MY:=Y(/L/);MDY:=DY(/L/);
                                     MV1:=V1(/L/);
          MARKE1.."IF"P(/L/)"LESS"0"THEN""GOTO"MARKE2;
          "FOR"M1:=1"STEP"1"UNTIL"N"DO"
          W(/L/):="IF"P(/M/)"LESS"0"OR"M"EQUAL"L"THEN"W(/L/)"ELSE"
          W(/L/)+(B(/M,L/)+C(/M,L/)*ABS(DY(/M/)))*SIN(P(/M/)-
                                  P(/L/)-DPØ(/M,L/));
B7..      MARKE2.."IF"SW(/L/)"GREATER"0"THEN""BEGIN"
          RUKU2(H,MY,MV1,VY(/L/),VV1(/L/),VDY(/L/),PGEBER);
          "IF"ABS(H-HNORM)"LESS"&-10"THEN"
          DDY(/L/):=PGEBER(H,Y(/L/),DY(/L/)*HNORM);
          "IF"ABS(VDY(/L/))"LESS"&-10"AND"ABS(MDY)"LESS"&-10"THEN"
                                  "GOTO"MARKE3;
          "IF"VDY(/L/)"NOTGREATER"0 "THEN"SW(/L/):= -1;
B8..      "IF"SWNB"LESS"0 "THEN""BEGIN"
E8..      SWNB:=0;"GOTO"MARKE5;"END";
          "IF"VDY(/L/)"LESS"0"AND"MDY"GREATER"0"THEN""GOTO"
          MARKE4;
E7..B9..                     "END""ELSE""BEGIN"
          RUKU2(H,MY,MV1,VY(/L/),VV1(/L/),VDY(/L/),MGEBER);
          "IF"ABS(H-HNORM)"LESS"&-10"THEN"
          DDY(/L/):=MGEBER(H,Y(/L/),DY(/L/)*HNORM);
          "IF"ABS(VDY(/L/))"LESS"&-10"AND"ABS(MDY)"LESS"&-10"THEN"
                                  "GOTO"MARKE3;
```

```
        "IF"VDY(/L/)"NOTLESS"0"THEN"SW(/L/):=1;
B10..E10.."IF"SWNB"LESS"0"THEN""BEGIN"SWNB:=0;
        "GOTO"MARKE5;"END";
        "IF"VDY(/L/)"GREATER"0"AND"MDY"LESS"0"THEN""GOTO"
        MARKE4;
E9..    "END";
        MARKE3..VP(/L/):="IF"SW(/L/)"GREATER" 0 "THEN"ABS(VY(/L/))
        *PI/A(/L/)"ELSE"ABS(VY(/L/))*PI/A(/L/)+PI;"GOTO"MARKE5;
        MARKE4..H:=ABS(VDY(/L/))*H/(ABS(VDY(/L/))+ABS(MDY));
        MY:=0;MDY:=0;MV1:=0;SWNB:=-1;"GOTO"MARKE2;
        MARKE5..VZ(/L/):=E(/L/)*(VY(/L/)+G(/L/)+SP(/L/));
        RUKU2(HNORM,S(/L/),SV1(/L/),VS(/L/),VSV1(/L/),VDS,AUSFUEHRER);
        "IF"VS(/L/)"LESS"MAP(/L/)"AND"VS(/L/)"GREATER"MAM(/L/)
        "THEN"VSQ(/L/):=VS(/L/)"ELSE"VSQ(/L/):=("IF"VS(/L/)
        "GREATER"MAP(/L/)"THEN"MAP(/L/)"ELSE"MAM(/L/));
E4..    "END"TEILAPPARAT;
        RECHNUNG..
        READ(ANF,RANF,KP,KM,A,F,E,G,D,R,MI,MAP,MAM,ST,DPØ,B,C,U);
        "FOR"I:=1"STEP"1"UNTIL"N"DO"P(/I/):=-1;
        PI:=3.141593;
        REWIND(FILE(""BAND-FISCH""));
        "FOR"K:=0"STEP"1"UNTIL"Q" DO"
B11..   "BEGIN""FOR"L:=1"STEP"1"UNTIL"N"DO"
        TEILAPPARAT;
B12..   "FOR"L:=1"STEP"1"UNTIL"N"DO""BEGIN"
        O:=10*N*K+(L-1)*10;
        WRITE(FILE(""BAND-FISCH""),KEY(O),DY(/L/),DDY(/L/),P(/L/),
        W(/L/),SP(/L/),Z(/L/),S(/L/),SV1(/L/)/HNORM,SQ(/L/));
        Y(/L/):=VY(/L/);DY(/L/):=VDY(/L/);V1(/L/):=VV1(/L/);
        Z(/L/):=VZ(/L/);S(/L/):=VS(/L/);SV1(/L/):=VSV1(/L/);
E12..   P(/L/):=VP(/L/);SQ(/L/):=VSQ(/L/);"END";
E11..   "END";
B13..   "FOR"L:=1"STEP"1"UNTIL"N"DO""BEGIN"
        WRITE(PRINTER,F2,""ZEIT ⑧ DY("",L,"") ⑥ DDY("",L,
        "") ⑤ P("",L,"") ⑦ W("",L,"") ⑦ SP("",L,"") ⑥ Z("",L,
        "") ⑦ S("",L,"") ⑦ DS("",L,"") ⑥SQ("",L,"")"");
        REWIND(FILE(""BAND-FISCH""));
B14..   "FOR"K:=0"STEP"1"UNTIL"Q"DO""BEGIN"
        O:=10*(L-1)+K*10*N;
        POSITION(FILE(""BAND-FISCH""),KEY(O));
        READ(FILE(""BAND-FISCH""),DY(/L/),DDY(/L/),P(/L),W(/L/),
        SP(/L/),Z(/L/),S(/L/),DS,SQ(/L/));
        WRITE(F1,K*HNORM,DY(/L/),DDY(/L/),P(/L/),W(/L/),SP(/L/),
        Z(/L/),S(/L),DS,SQ(/L/));
E14..   "END";
E13..   "END";
E2..    "END"RECHENBLOCK;
E1..    "END"PROGRAMM;
```

III. Liste der für die Rechnung in DII verwendeten Parameter

a) Programmablauf
Anzahl der Teilapparate: $N=4$
Anzahl der Rechenschritte: $Q=4500$
Schrittweite HNORM$=0.1$

b) Parameter für die Kommandoerzeugung

Beginnschlüssel: $\tau^*_{0\nu} = 0^+, \quad \nu=1,2,3,4$

Aktivität: $A_\nu(t)=\frac{t}{150}, \quad \nu=1,2,3,4$

Frequenzfaktor: $F_\nu = 1, \quad \nu=1,2,3,4$

Teilgeberfrequenzfaktoren: $\begin{matrix} K_{+\nu}=1 \\ K_{-\nu}=1 \end{matrix}, \quad \nu=1,2,3,4$

c) Die Parameter für die Kommandoübertragung und Bewegungsausführung: E$=1$, $G=0$, $D=1$, $R=1$, $MI=0$, $MA_+=+10$, $MA_-=-10$, $ST=0$ für alle 4 Teilapparate

d) Parameter für die gegenseitige Beeinflussung der Teilapparate:

$$\begin{array}{lll} P^0_{1,2}=0.15; & P^0_{1,3}=-3.3; & P^0_{1,4}=0 \\ P^0_{2,1}=0.15; & P^0_{2,3}=0; & P^0_{2,4}=3.3 \\ P^0_{3,1}=3.3; & P^0_{3,2}=0; & P^0_{3,4}=-0.15 \\ P^0_{4,1}=0; & P^0_{4,2}=-3.3; & P^0_{4,3}=-0.15 \end{array}$$

Grundstärkefaktoren der M-Mirkung

$$\begin{array}{lll} B_{1,2}=0.2; & B_{1,3}=0.4; & B_{1,4}(t)=F(A_1(t)) \\ B_{2,1}=0.2; & B_{2,3}(t)=f(A_2(t)); & B_{2,4}=0.4 \\ B_{3,1}=0.4; & B_{3,2}(t)=f(A_3(t)); & B_{3,4}=0.2 \\ B_{4,1}(t)=f(A_4(t)); & B_{4,2}=0.4; & B_{4,3}=0.2 \end{array}$$

$$f(A_\nu(t))=\begin{cases} 0.4 \text{ falls } A_\nu(t)\leqq 5 \\ 0.4/2.A_\nu(t) \text{ falls } A_\nu(t)>0.5 \end{cases} \quad \nu=1,2,3,4.$$

Verstärkungsfaktoren

$$\begin{array}{lll} C_{1,2}=0.05; & C_{1,3}=0.1; & C_{1,4}(t)=g(A_1(t)) \\ C_{2,1}=0.05; & C_{2,3}(t)=g(A_2(t)); & C_{2,4}=0.1 \\ C_{3,1}=0.1; & C_{3,2}(t)=g(A_3(t)); & C_{3,4}=0.05 \\ C_{4,1}(t)=g(A_4(t)); & C_{4,2}=0.1; & C_{4,3}=0.05 \end{array}$$

$$g(A_\nu(t))=\begin{cases} 0.1 \text{ falls } 0<A_\nu(t)\leqq 0.5 \\ 0.1/2.A_\nu(t) \text{ falls } A_\nu(t)>0.5 \end{cases} \quad \nu=1,2,3,4.$$

Superpositionsstärkefaktoren

$$U_{\nu\mu}=0; \quad \nu,\mu=1,2,3,4$$

Die Funktionen f, g und A wurden in dem Programm ergänzt.

Die Rechnung wurde an der UNIVAC 1108 des Rechenzentrums der Universität Freiburg durchgeführt.

IV. Listen der eingeführten Bezeichnungen und ihrer Zuordnung zu einigen von VON HOLST verwendeten Begriffen

Tabelle 1. Liste der eingeführten Bezeichnungen und Symbole

Begriff bzw. Symbol	eingeführt auf Seite
A Aktivität (auch Teilkommandomasse)	10, 14, 29
Abreißpunkt	44
Abstoßungszeitspanne	44
Anziehungszeitspanne	44
Ausführungsglied	9
AZ autorhythmisches Zentrum	24, 25, 27–31
B Grundstärkefaktor der M-Wirkung	26, 33
Beginnschlüssel	25
Beharrungstendenz	14–15
Bewegungsphase, z.B. Schwingphase, Stemmphase	14, 62
C Verstärkungsfaktor der M-Wirkung	33, 26
D Dämpfungsfaktor	34, 26
ΔP, siehe Phasendifferenz	33
E Übertragungsfaktor	26
EF Effektor (Kommandoübertrager und Ausführungsglied)	25–26, 34
F Frequenzfaktor	29, 26
G Fremdsignale am Kommandoübertrager	27
Gehtendenz	60
»+«Gruppe, »–«Gruppe	55
I Integrationsbereich	26
K_+, K_- Teilgeberfrequenzfaktoren	30, 26
Kommando	10, 14
KG Kommandogeber	9, 11
Kommandoperiode	16
Kommandoübertrager	9, 11
Kommandofunktion siehe *y*	24–25, 27–31
M-Wirkung (Magnet Wirkung) siehe *W*	15–16, 25, 32–33
M Schwingungsgleichwert	26
MA_+, MA_- mechanische Lagebegrenzungen	26, 27
Ortsbewegungsapparat	9
Pause	14
P Phase	10, 14, 25, 31–32
Phasendifferenz $P_w - P_b = \Delta P_{wb}$ (die Indizes bedeuten: w = wirkend, b = beeinflußt)	32–33
P^0 Phasendifferenz, angestrebte	16, 26, 33
R Rückstellkraftfaktor	34, 26
S, *S** Lage des Ausführungsgliedes	24, 34
ST Störungen der Muskeln	34, 26, 27
SP Superpositionswirkung	15, 26
t bzw. *x* Zeitparameter	25
τ_0^* siehe Beginnschlüssel	25
TA Teilapparat	9, 11, 24–27
Teilgeber	11

Tabelle 1 (Fortsetzung)

Begriff bzw. Symbol	eingeführt auf Seite
Teilkommando	14, 28
Teikommandomasse (siehe Aktivität)	10, 14, 29
U Stärkefaktor der Superposition	26
Unterkommandogeber	22
Verrechnungsinstanz	24
Verrechnungsteil	24, 25
W M-Wirkung, »Magnet«-Wirkung	15–16, 25, 32–33
x Zeitparameter	25, 28
y Kommandofunktion	24–25, 27–31

Tabelle 2. Einige von ERICH VON HOLST verwendete Begriffe und ihre Zuordnung zu den in dieser Arbeit benutzten Bezeichnungen

Begriff bei VON HOLST	Erläuterung mit in Tabelle 1 eingeführten Bezeichnungen
absolute Koordination	gegenseitige M-Wirkungs-Beeinflussung verschiedener Kommandogeber, die von vornherein oder als Ergebnis der Beeinflussung gleiche Frequenz haben.
Aktion	durch ein Teilkommando verursachte Bewegung
Aktionsgeschwindigkeit	Winkel zwischen der Laufrichtung des Schreibpapieres auf dem Kymographen und der Verbindungslinie zwischen Anfangs- und Endpunkt der Aufzeichnung einer Bewegungsphase in Winkelgraden
Aktionsphase	Bewegungsphase
Aktionszeit	Zeitdauer einer Bewegungsphase
Attraktionsmaximum	maximale M-Wirkung in der Anziehungszeitspanne
attraktiver Automatismus	durch M-Wirkung wirkende Flosse
Automatismus	Flosse oder Teilapparat
dominierender Rhythmus	Gruppe von wirkenden Teilapparaten, die selbst nicht oder nur wenig beeinflußt werden
Glied	Ausführungsglied
Koaktionslage	angestrebte Phasendifferenz
Koordination	gegenseitige Beeinflussung von Elementarteilapparaten
Motorische Ganglienzellen	Teil des Kommandoübertragers
Pause	durch eine Pause (im Kommando) verursachtes Festhalten des Ausführungsgliedes in der Umkehrlage
Periodenbild	Graphische Darstellung der durch eine gemeinsame Kommandoperiode verursachten Bewegungen
relative Koordination	Gegenseitige Beeinflussung verschiedener Teilapparate mit mindestens zwei unterschiedlichen Eigenfrequenzen durch M-Wirkung und Superposition, bei der Frequenzgleichheit aller nicht erreicht wird.

Tabelle 2 (Fortsetzung)

Begriff bei VON HOLST	Erläuterung mit in Tabelle 1 eingeführten Bezeichnungen
Rhythmus, z.B. Rücken- oder Schwanzrhythmus	Gruppe von Teilapparaten einer Flosse, deren Kommandos bis auf Phasenverschiebungen gleich sind
Takt eines Rhythmus	Frequenz eines »Rhythmus«
»Voll oder Gar nicht«-Rhythmus	»Rhythmus«, dessen Kommandos Pausen enthalten
Vollrhythmus	durch ein einzelnes Kommando eines »Rhythmus« verursachte Bewegungen
zentrale rhythmische Elemente	Kommandogeber

Literatur

1. ACCARDI, L., AIELLO, A.: Some global properties of neural networks. Kybernetik **10**, 115–119 (1972)
2. ADÁM, A.: Simulation of rhythmic nervous activities II. Kybernetik **5**, 103–109 (1968)
3. ANNINOS, P.A.: Evoked potentials in artificial neural nets. Kybernetik **13**, 24–29 (1973)
4. AHN, S.M., FREEMAN, W.J.: Steady-state and limit cycle activity of mass of neurons forming simple feedback loops. Kybernetik **16**, 87–91, 127–132 (1974)
5. AMARI, S.-J.: A method of statistical neurodynamics. Kybernetik **14**, 201–215 (1974)
6. AMARI, S.-J.: Homogeneous nets of neuron-like elements. Biol. Cybernetics **17**, 211–220 (1975)
7. CAIANIELLO, E.R., GRISOM, W.E.L.: Synthesis of boolean nets and time behavior of a general mathematical neuron. Biol. Cybernetics **18**, 111–117 (1975)
8. CAIANIELLO, E.R., GRISOM, W.E.L.: Methods of analysis of neural nets. Biol. Cybernetics **22**, 1–6 (1976)
9. COLLATZ, L.: Differentialgleichungen. 4. Aufl. Stuttgart: Teubner 1970
10. FELDMAN, J.L., COWAN, J.D.: Large-Scale activity in neural nets (I)(II). Biol. Cybernetics **17**, 29–38, 39–51 (1975)
11. GUNKEL, M.: Über relative Koordination bei willkürlichen menschlichen Gliedbewegungen. Pflügers Arch. ges. Physiol. **275**, 472–477 (1962)
12. HASSENSTEIN, B.: Kybernetik und biologische Forschung. Handbuch der Biologie I, S. 629–719. Frankfurt am Main: Athenaion 1966
13. HOLST, E. VON: Untersuchungen über die Funktion des Zentralnervensystems beim Regenwurm. Zool. Jb., Abt. Allg. Zool. u. Physiol. **51**, 547–588 (1932)
14. HOLST, E. VON: Weitere Versuche zum nervösen Mechanismus der Bewegungen beim Regenwurm. Zool. Jb., Abt. Allg. Zool. u. Physiol. **53**, 67–100 (1933)
15. HOLST, E. VON: Über das Laufen der Hundertfüßer. Zool. Jb., Abt. Allg. Zool. u. Physiol. **54**, 157–179 (1934)
16. HOLST, E. VON: Über Ordnung und Umordnung der Beinbewegungen bei Hundertfüßern. Pflügers Arch. ges. Physiol. **234**, 101–113 (1934)
17. HOLST, E. VON: Zwei Versuche zum Hirnproblem bei Arthropoden. Pflügers Arch. ges. Physiol. **234**, 113–123 (1934)
18. HOLST, E. VON: Studien über Reflexe und Rhythmen beim Goldfisch. Z. vergl. Physiol. **20**, 582–599 (1934)

19. HOLST, E. VON: Die Koordination der Bewegung bei den Arthropoden in Abhängigkeit von zentralen und peripheren Bedingungen. Biol. Reviews **10**, 234–261 (1935)
20. HOLST, E. VON: Erregungsbildung und Erregungsleitung im Fischrückenmark. Pflügers Arch. ges. Physiol. **235**, 345–359 (1935)
21. HOLST, E. VON: Über den Prozess der zentralnervösen Kordination. Pflügers Arch. ges. Physiol. **236**, 149–158 (1935)
22. HOLST, E. VON: Alles oder Nichts, Block, Alternans, Bigemini und verwandte Phänomene als Eigenschaften des Rückenmarks. Pflügers Arch. ges. Physiol. **236**, 515–532 (1935)
23. HOLST, E. VON: Zentralnervensystem. Fortschr. Zool. **1**, 364–383 (1935); **2**, 445–468 (1936); **3**, 343–362 (1937); **4**, 472–499 (1938); **6**, 161–177 (1940); **10**, 381–390 (1956); **11**, 245–275 (1957/58)
24. HOLST, E. VON: Versuche zur Theorie der relativen Koordination Pflügers Arch. ges. Physiol. **237**, 93–121 (1936)
25. HOLST, E. VON: Vom Dualismus der motorischen und der automatisch-rhythmischen Funktion im Rückenmark und vom Wesen des automatischen Rhythmus. Pflügers Arch. ges. Physiol. **237**, 356–378 (1936)
26. HOLST, E. VON: Über den »Magnet-Effekt« als koordinierendes Prinzip im Rückenmark. Pflügers Arch. ges. Physiol. **237**, 655–682 (1936)
27. HOLST, E. VON, in Zusammenarbeit mit LE MARE, D.W., EBERHARD, K., FABRICIUS, M., und Studenten in der Zoolog. Stat. Neapel: Bausteine zu einer vergleichenden Physiologie der lokomotorischen Reflexe bei Fischen. Z. vergl. Physiol. **23**, 223–236 (1936); **24**, 532–562 (1937), **26**, 467–480 (1939)
28. HOLST, E. VON: Vom Wesen der Ordnung im Zentralnervensystem. Naturwissenschaften **25**, 625–631 und 641–647 (1937)
29. HOLST, E. VON: Neue Versuche zur Deutung der relativen Koordination bei Fischen. Pflügers Arch. ges. Physiol. **240**, 1–43 (1938)
30. HOLST, E. VON: Über relative Koordination bei Säugern und beim Menschen. Pflügers. Arch. ges. Physiol. **240**, 44–49 (1938)
31. HOLST, E. VON: Über die nervöse Funktionsstruktur des rhythmisch tätigen Fischrükkenmarks. Pflügers Arch. ges. Physiol. **241**, 569–611 (1939)
32. HOLST, E. VON: Entwurf eines Systems der lokomotorischen Periodenbildung bei Fischen. Z. vergl. Physiol. **26**, 481–528 (1939)
33. HOLST, E. VON: Die relative Koordination als Phänomen und als Methode zentralnervöser Funktionsanalyse. Ergebn. Physiol. **42**, 228–306 (1939). Nachdruck in: Erich von Holst: Zur Verhaltensphysiologie bei Tieren und Menschen. Gesammelte Abhandlungen, Bd. I., München: Piper Verlag 1969
34. HOLST, E. VON: Über relative Koordination bei Arthropoden. Pflügers Arch. ges. Physiol. **246**, 847–865 (1943)
35. HOLST, E. VON: Von der Mathematik der nervösen Ordnungsleistungen. Experientia (Basel) **4**, 374–381 (1948)
36. HOLST, E. VON: Zentralnervensystem und Peripherie in ihrem gegenseitigen Verhältnis. Klin. Wschr. **29**, 97–105 (1951)
37. HOLST, E. VON: Periodisch-rhythmische Vorgänge in der Motorik. 5. Conf. Soc. Biol. Rhythm., 7–15, Stockholm (1955)
38. INCE, E.L.: Die Integration gewöhnlicher Differentialgleichungen. B.I. Mannheim-Wien-Zürich 1965
39. JENIK, F., HOEHNE, H.: Über die Impulsverarbeitung eines mathematischen Neuronenmodells. Kybernetik **3**, 109–128 (1966)
40. KLING, U., SZÉKELY, G.: Simulation of Rhythmic Nervous Activities. Kybernetik **5**, 89–103 (1968)

41. KLING, U.: Simulation neuronaler Impulsrhythmen. Kybernetik **9**, 123–139 (1971)
42. LOPES DA SILVA, F.H., HOEKS, A., SMITS, H., ZETTERBERG, L.H.: Model of brain rhythmic activity. Kybernetik **15**, 27–37 (1974)
43. LUCA, A. DE: On some dynamical properties of linear and affine network. Kybernetik **8**, 123–127 (1971)
44. MACGREGOR, R.J., PALASEK, R.L.: Computer simulation of rhythmic oscillations in neuron pools. Kybernetik **16**, 79–86 (1974)
45. MARSCHALL, P.T., HUGHES, G.M.: The physiology of mammels and other vertebrates. Cambridge: Univers. Pr. 1967
46. MAYNARD, D.M.: Activity in a crustacean ganglion (I), (II). Biol. Bull. **104**, 156–170 (1953;) **109**, 420–436 (1955)
47. OĞUZTÖRELI, M.N.: On the activities in a continuous neural network. Biol. Cybernetics **18**, 41–48 (1975)
48. PEARSON, K.: The control of walking. Sci. Amer. Dec. 1976, S. 72–86 (1976)
49. RICCIARDI, L.M., ESPOSITO, F.: On some distribution functions for non-linear switching elements with finite dead time. Kybernetik **3**, 148–152 (1966)
50. RICCIARDI, L.M., VENTRIGLIA, F.: Probalistic models for determining the input-output relationship in formalized neurons. Kybernetik **7**, 175–183 (1970)
51. SCHMIDT, R.F.: Neurophysiologie, Heidelberger Taschenbücher, Berlin-Heidelberg-New York: Springer 1971
52. SEGUNDO, J.P., PERKEL, D.H., MOORE, G.P.: Spike probability in neurones: Influence of temporal structure in the train of synaptic events. Kybernetik **3**, 67–82 (1966)
53. SOLLBERGER, A.: Biological rhythm research. Amsterdam-London-New York: Elsevier Publishing Company 1965
54. STEIN, R.B., LEUNG, K.V., MANGERON, D., OĞUZTÖRELI, M.N.: Improved neuronal models for studying neural networks. Kybernetik **15**, 1–9 (1974)
55. WENDLER, G.: Über die Fortbewegung der Larven von CANTHARIS FUSCA. Z. vergl. Physiol. **48**, 283–294 (1964)
56. WENDLER, G.: The co-ordination of walking movements in arthropods. Symp. Soc. exp. Biol. (N.Y.) **20**, 229–249 (1965)
57. WENDLER, G.: Ein Analogmodell der Beinbewegungen eines laufenden Insekts. Beihefte zu »Elektronische Rechenanlagen« **18**, 68–74. München-Wien: R. Oldenbourg-Verlag 1968
58. WENDLER, G.: Relative Koordination bei gekoppelten, rhythmisch tätigen Modellneuronen. Zool. Anz., Suppl.-Bd. **33**, Verh. Zool. Ges. 1969, 477–482 (1969)
59. WEVER, R.: Possibilities of phase-control, demonstrated by an electronic model. Cold Spr. Harb. Symp. quant. Biol. **25**, 197–206 (1960)
60. WEVER, R.: Biologische Rhythmen und Regelung. Bad Oeynhausener Gespräche **5**, 1–15 (1961)
61. WEVER, R.: Zum Mechanismus der 24-Stunden Periodik. Kybernetik **1**, 139–154 (1963); **1**, 213–231 (1963); **2**, 127–144 (1964)
62. WEVER, R.: Ein mathematisches Modell für biologische Schwingungen. Z. Tierphysiol. **21**, 359–372 (1964)
63. WEVER, R.: Ein mathematisches Modell für die circadiane Periodik. ZAMM **46**, 148–157 (1966)
64. WILLWACHER, G.: Fähigkeiten eines assoziativen Speichersystems im Vergleich zu Gehirnfunktionen. Biol. Cybernetics **24**, 181–198 (1976)

Die Arbeit entstand mit Unterstützung der Stiftung Volkswagenwerk (im Rahmen eines Tutorenprogramms) und der Deutschen Forschungsgemeinschaft.

Sitzungsberichte der Heidelberger Akademie der Wissenschaften
Mathematisch-naturwissenschaftliche Klasse
Erschienene Jahrgänge

Inhalt des Jahrgangs 1968:

1. A. Dinghas. Verzerrungssätze bei holomorphen Abbildungen von Hauptbereichen automorpher Gruppen mehrerer komplexer Veränderlicher in eine Kähler-Mannigfaltigkeit. (vergriffen).
2. R. Kiehl. Analytische Familien affinoider Algebren. (vergriffen).
3. R. Düren, G.-P. Raabe und Ch. Schlier. Genaue Potentialbestimmung aus Streumessungen: Alkali-Edelgas-Systeme. (vergriffen).
4. E. Rodenwaldt. Leon Battista Alberti – ein Hygieniker der Renaissance. (vergriffen).

Inhalt des Jahrgangs 1969/70:

1. N. Creutzburg und J. Papastamatiou. Die Ethia-Serie des südlichen Mittelkreta und ihre Ophiolithvorkommen. (vergriffen).
2. E. Jammers, M. Bielitz, I. Bender und W. Ebenhöh. Das Heidelberger Programm für die elektronische Datenverarbeitung in der musikwissenschaftlichen Byzantinistik. (vergriffen).
3. M. Knebusch. Grothendieck- und Wittringe von nichtausgearteten symmetrischen Bilinearformen. (vergriffen).
4. W. Rauh und K. Dittmar. Weitere Untersuchungen an Didiereaceen. 3. Teil. (vergriffen).
5. P. J. Beger. Über „Gurkörperchen" der menschlichen Lunge. (vergriffen).

Inhalt des Jahrgangs 1971:

1. E. Letterer. Morphologische Äquivalentbilder immunologischer Vorgänge im Organismus. (vergriffen).
2. J. Herzog und E. Kunz. Die Wertehalbgruppe eines lokalen Rings der Dimension 1. (vergriffen).
3. W. Maier. Aus dem Gebiet der Funktionalgleichungen. (vergriffen).
4. H. Hepp und H. Jensen. Klassische Feldtheorie der polarisierten Kathodenstrahlung und ihre Quantelung. (vergriffen).
5. H. Koppe und H. Jensen. Das Prinzip von d'Alembert in der Klassischen Mechanik und in der Quantentheorie. (vergriffen).
6. W. Doerr. Wandlungen der Krankheitsforschung. (vergriffen).
7. K. Hoppe. Über die spektrale Zerlegung der algebraischen Formen auf der Graßmann-Mannigfaltigkeit. (vergriffen).

Inhalt des Jahrgangs 1972:

1. W. H. H. Petersson. Über Thetareihen zu großen Untergruppen der rationalen Modulgruppe. (vergriffen).
2. W. Doerr. Pathologie der Coronargefäße. Anthropologische Aspekte. (vergriffen).
3. H. Bippes. Experimentelle Untersuchung des laminar-turbulenten Umschlags an einer parallel angeströmten konkaven Wand. (vergriffen).
4. K. Goerttler. Stimme und Sprache. (vergriffen).
5. B. L. van der Waerden. Die „Ägypter" und die „Chaldäer". (vergriffen).

Inhalt des Jahrgangs 1973:

1. V. Becker. Form, Gestalt und Plastizität. (vergriffen).
2. H. Neunhöffer. Über die analytische Fortsetzung von Poincaréreihen. (vergriffen).
3. F. W. Rieben. Zur Orthologie und Pathologie der Arteria vertebralis. (vergriffen).
4. W. Doerr. Über die Bedeutung der pathologischen Anatomie für die Gastroenterologie. (vergriffen).

   V. H. Bauer. Das Antonius-Feuer in Kunst und Medizin. Supplement zum Jahrgang 1973. DM 58.00.

GPSR Compliance

The European Union's (EU) General Product Safety Regulation (GPSR) is a set of rules that requires consumer products to be safe and our obligations to ensure this.

If you have any concerns about our products, you can contact us on ProductSafety@springernature.com

In case Publisher is established outside the EU, the EU authorized representative is:

Springer Nature Customer Service Center GmbH
Europaplatz 3
69115 Heidelberg, Germany

Batch number: 10704763

Printed by Printforce, the Netherlands